关键信息基础设施安全保护丛书

空间 DTN 技术

杨志华　张钦宇　编著

电子工业出版社

Publishing House of Electronics Industry

北京·BEIJING

图书在版编目（CIP）数据

空间 DTN 技术/杨志华，张钦宇编著. —北京：电子工业出版社，2023.11
（关键信息基础设施安全保护丛书）

ISBN 978-7-121-45862-0

Ⅰ. ①空… Ⅱ. ①杨… ②张… Ⅲ. ①空间信息技术－应用－网络通信－通信
技术－研究 Ⅳ. ①TN915

中国国家版本馆 CIP 数据核字（2023）第 116552 号

责任编辑：缪晓红   特约编辑：刘广钦
印　　刷：河北迅捷佳彩印刷有限公司
装　　订：河北迅捷佳彩印刷有限公司
出版发行：电子工业出版社
　　　　　北京市海淀区万寿路 173 信箱　　邮编：100036
开　本：710×1000　1/16　印张：12.75　字数：204 千字
版　次：2023 年 11 月第 1 版
印　次：2023 年 11 月第 1 次印刷
定　价：90.00 元

凡所购买电子工业出版社图书有缺损问题，请向购买书店调换。若书店售缺，请
与本社发行部联系，联系及邮购电话：（010）88254888，88258888。

质量投诉请发邮件至 zlts@phei.com.cn，盗版侵权举报请发邮件至 dbqq@phei.com.cn。

本书咨询联系方式：（010）88254760，mxh@phei.com.cn。

前　言

进入 21 世纪以来，人类开展了广泛的地球环境监测、灾害预报、资源探测和深空探测等空间科学活动。为了满足这些空间科学活动的信息需求，作为空、天、地一体化信息基础设施的空间信息网络应运而生。空间信息网络是空、天、地一体化的综合信息网络，是空天范围内信息资源的实时获取与互通互联的重要手段和途径，其发展关系着国家的战略利益。空间 DTN 是支持空间信息网络内部信息交互和外部互联的体系结构，采取存储—转发模式的异步通信方式进行数据传输，凭借其优异的时延/中断容忍能力，应对复杂空天环境所带来的频繁中断、长时延和高误码率等挑战。作为具备学科交叉特点的技术领域，空间 DTN 不仅具有较高的研究价值，成为解决当前空间信息网络所面临难题的重要手段，同时也是推动航天信息工程和深空通信技术发展的有力助推器。国际航天和空间通信领域正在积极开展空间 DTN 的理论研究、技术攻关和实验验证，以推动实现空间通信的网络基础设施的整合和高效利用，为未来更复杂的地球空间科学活动和深空探测任务奠定基础。

本书以"DTN 基础—空间 DTN 模型—空间 DTN 技术—仿真平台设计"为逻辑主线，首先介绍 DTN 的发展历史、应用场景及 DTN 体系结构；进而从空间信息网络、空间 DTN 体系结构和技术挑战方面提出空间 DTN 模型；然后着重分析了空间 DTN 路由与传输、缓存分发策略等技术；最后介绍了空间 DTN 仿真平台设计和未来展望。

本书旨在使高等院校教师和学生更好地掌握空间 DTN 技术以推动空间信息网络的发展。本书可作为高等院校本科生、研究生的教学参考书，也可作为空间信息网络领域研究人员和工程技术人员开展学术研究的专业文献。

本书的编写分工如下：杨志华教授组织和设计了整体框架，并参与编写了所有章节；张钦宇教授编写了第 1 章，以及进行了统稿工作；苑阿芳博士编写了第 2 章，并参与编写了第 1 章；徐运来博士编写了第 3 章，并参与编写了第 2、4 章；李悦博士编写了第 4 章，并参与编写了第 2、3 章；胡洲勇博士编写了第 5 章，并参与编写了第 2 章。另外，张亦昕、李贺辰、别灵臻、高荣浩等同学做了资料整理工作，在此一并表示感谢。

目 录

DTN 基础

1.1 DTN 的发展历史

互联网通信是基于 TCP/IP 协议体系进行设计与实现的数据通信，其协议栈结构包括应用层、传输层、网络层和链路层 4 层。TCP/IP 协议体系通过分组交换完成数据的传送，即网络层（使用 IP 协议）把传输层产生的报文段或者用户数据段封装成分组（或包）进行传输。通过 IP 分组头部中的目的地址信息，可以将分组从源端传送到目的地。由于 IP 协议的路由选择是逐跳进行的，所以，路由器并不知道到达任何目的地的完整路径。当分组到达路由器时，通过搜索路由表为该分组传输提供下一跳路由器的 IP 地址。因此，IP 协议提供不可靠、无连接的数据服务，组成数据的每个分组可能使用不同的路径穿越网络。如果某条链路断开了，分组就会选择另一条链路。数据的可靠传输依赖于 TCP 协议来实现。TCP 协议是面向端到端连接的可靠传输协议，也就是说，基于 TCP 协议传输的双方需要受限建立稳定的端到端连接，之后通过自动重传请求（Automatic Repeat Request，ARQ）机制保证数据可靠到达。因此，这种传统的互联网通信通常具有如下特性[1]。

（1）源节点与目的节点之间存在稳定的端到端链路。

（2）任意节点之间的最大往返时间（Round Trip Time，RTT）较小，且在发送分组和接收相应的应答分组时网络时延要相对一致。

（3）数据报文在传输过程中丢失概率较小。

然而，随着数据通信在不同领域的广泛应用，有些网络环境不能满足上述特性，这类环境下的数据通信通常面临以下几个问题[2]。

（1）高误码率。通信信道容易受到各种不确定因素的影响，接收端信号信噪比较低。正常通信过程码元的丢失概率一般为 10^{-6}，而在极端的网络环境中，误码率可高达 10^{-2} 量级，导致链路丢包率高[3]。

（2）超长时延。地面上通常所使用网络的端到端时延为毫秒级，而在一些极端的网络环境中，如地月通信，数据在链路中的传递时延高达几秒。在有些更加极端的环境下，时延可高达几分钟甚至几小时[4]。

（3）链路频繁中断。在极端环境中，链路的传输节点之间并非一直处于连通状态，而是会出现频繁断开连接。影响链路通断[5]的因素有很多，如沙尘暴、天体转动等。在网络中，节点之间的连通时间间隔有一定的规律，可能是可预知的，也可能是随机的。

（4）不对称数据速率。在极端环境中，上行和下行数据率是高度不对称的。通常情况下，下行和上行数据率之比约为 100∶1，有时甚至更高[6]。

这类环境下的网络通常被称为"受限网络"（Challenged Network），如星际互联网（Inter Planetary Internet，IPN）、卫星网络、移动自组网络（Ad-Hoc）、传感器网络等。针对受限网络，K. Fall 等科学家提出了延迟/中断容忍网络（Delay/Disruption-Tolerant Networking，DTN）技术，旨在解决极端环境下的网络通信问题。DTN 的研究源于星际互联网。1998 年，Vint Cerf 和美国国家航空航天局喷气推进实验室（NASA's Jet Propulsion Laboratory）开始了星际互联网的研究，用于深空探测信息及工程遥测数据的接收和处理。该项目组最终发展成为 Internet 协会下的 IPNSIG（IPN Special-Interest Group）。受太阳系行星、矮行星与地球距离，以及行星的自转和公转的影响，星际网络中的通信通常具有传播时延长、误码率高、信噪比低等显著特点。如此苛刻的通信条件，使 TCP/IP 技术端到端的重传机制无法满足深空中点到点的可靠传输。因此，IPNSIG 针对长时延环境下的深空通信和缺少持续连接的异构网络协同工作环境设计了一种用于大尺度网络的体系结构，相关的协议开发工作也在推进之中。

2002 年，由美国航空航天局（National Aeronautics and Space Administration，NASA）资助，将星际互联网的研究推广至与深空探测有相似之处的某些地面通信网络，如传感器网络，形成名为 DTN 的体系结构。同年，国际互联网研究专门工作组（Internet Research Task Force，IRTF）成立了延迟容忍网络研究组（DTN Research Group，DTNRG），专门对 DTN 体系和协议进行研究论证。DTNRG 推广了 IPN 工作组的体系结构草案，并于 2003 年发布了第一个草案。

相比 IPN 中长时延的应用场景，网络中节点的移动或者频繁进出基站的通信范围等同样会导致链路中断。2004 年年初，美国国防高级研究计划局（Defense Advanced Research Projects Agency，DARPA）针对受限网络中节点移动或功率受限导致连接频繁断开的情形，提出中断容忍网络的概念，简称 DTN（Disruption Tolerant Network），可以认为是对原有 DTN 概念的推广。DARPA 的提案让 DTN 概念的应用从延迟容忍扩展到容时容断场景。相比传统 Internet，DTN 具有容忍长时延、节点资源受限、间歇性连接、不对称速率、低信噪比和高误码率等特性。

DTNRG 很快重新定义了 DTN 体系结构，并于 2007 年发布了 RFC4838 延迟容忍网络体系结构，随后出版了 4 个实验性质的 RFC。第一个是于 2007 年发布的 RFC5050 束协议规范（Bundle Protocol，BP），描述 DTN 内端到端传输协议和束交换抽象服务。2008 年又出版了 RFC5325、RFC5326 和 RFC5327 来描述 LTP（Licklider Transmission Protocol，LTP）。LTP 是一种延迟/中断容忍的点到点协议，在往返时间极长的链路上提供基于重发的可靠性。2016 年，NASA 在国际空间站测试延迟容忍网络服务，采用存储转发机制发送数据包。数据包在被转发前要在通信路径的节点上存储一部分，然后在最终目的地重新组装。这个目的地可以是地面站、深空飞行器或人类生活的其他星球。利用 BP 协议和 Saratoga 协议，英国通过 DMC（Disaster Monitoring Constellation）卫星验证了 DTN 协议在空间网络中数据传输的可行性[7]。

1.2 DTN 的应用场景

DTN 最早始于星际网络，旨在克服深空环境中长传播时延、高错误率和频繁中断对于传输的影响。网络研究界随后意识到，星际网络只是受限网络的一类特殊场景，DTN 也可以集成到陆地互联网中，能够简单地部署在其边缘。因此，近年来 DTN 架构在地面无线网络场景下被广泛研究[8][9]。

1. 野生动物追踪

DTN 已广泛用于监测野生动物来研究野生动物物种及其栖息地[10][11]，通过将传感设备连接到每只动物上（移动节点）来进行监测。监测设备包含微控制器、全球定位系统、方向和温度传感器、片外闪存、RF 模块、处理单元和电池（带有太阳能模块，以提供电力）[12]。通过移动节点间的数据交换，各个节点收集的数据可以到达信息中心。最典型的此类延迟容忍网络通信系统是 Zebranet[10]，其通过应用无线对等网络技术来跟踪斑马。Zebranet 系统中的传感器节点由斑马携带的跟踪项圈组成。当两只斑马相遇时，项圈会记录相遇信息并交换存储在本地内存中的数据。通过间歇性的相遇机会，相遇信息被记录下来，然后传播给那些携带追踪项圈的斑马。野生动物研究人员定期驾驶移动基站通过跟踪区域，收集有关分散斑马种群的信息。事实证明，斑马的活动确实遵循一些预测的移动模型。例如，它们倾向于在一天中的某个时间聚集在水源处。在同样的背景下，共享无线信息站模型是一个旨在利用 DTN 收集鲸鱼和其他海洋哺乳动物种群信息的项目[11]。

2. 乡村网络

乡村网络是 DTN 非常有应用前景的公共场景，特别是在缺乏通信基础设施的偏僻地区[13][14]。最具代表性的乡村网络是由麻省理工学院媒体实验室的研究人员开发的 DakNet[15]，该无线网络系统将物理交通工具与无线通信技术相结合，为乡村提供延迟容忍（非实时）互联网访问服务。如图 1-1 所示，将移动接入点（Movie Access Point，MAP）安装在公共汽车、摩托车甚至带有小型发电机的自行车上并由其提供动力，它扮演着中继器或传送器的角色，通过简单的无线传输方式在城市的公交网络中传输和交换数据。当 MAP 进入村庄 Wi-Fi 信息亭的范围时，会自动检测无线连接，然后上传和下载消息。一旦 MAP 进入 Internet 接入点（集线器）的通信范围，MAP 将通过访问 Internet 自动同步来自农村信息亭的消息。

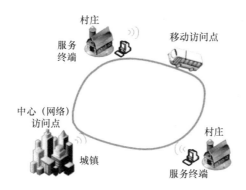

图 1-1　DakNet 系统架构[15]

另一个相关的例子是 Wizzy Digital Courier 服务[16]，它为南非偏远村庄的学生和其他用户提供断开连接的 Internet 访问。在这里，快递员骑着摩托车（配备了 USB 存储设备），从村庄移动到拥有高速互联网连接的大城市。这种方式相比传统的互联网有一个明显的优势：比村里的网络提供的带宽要大得多。在这里，可以传输的数据量仅受快递员可以在他的摩托车上携带的硬盘数量的限制，根据当前的技术可以达到数太字节（Terabyte，TB），这是当今最先进的有线网络无法比拟的。

3. 车辆自组织网络

车辆自组织网络（Vehicular Ad-Hoc Network，VANET）[17]利用车辆与车辆、车辆与道路设施之间的无线通信技术为移动中的车辆建立一个移动自组织网络，来保证交通安全，提供位置相关的信息服务，为车辆自动化驾驶的发展奠定了基础。CarTel[18]是一类经典的 VANET，旨在收集、处理、传递、分析和可视化来自手机或者车辆的传感器数据。如图 1-2 所示，CarTel 节点是与传感器耦合的移动嵌入式计算机，它收集和处理来自汽车传感器的消息，然后利用携带转发网络将这些数据传送到中央门户。换句话说，CarTel 节点依靠机会性无线连接（如 Wi-Fi、蓝牙）与门户进行通信。CarTel 通过在门户上运行间歇连接的数据库服务器，指示移动节点应如何汇总、过滤和动态优先处理数据。CarTel 可以提供各种基于位置的服务，如环境监测、道路基础设施监测、地理成像等。

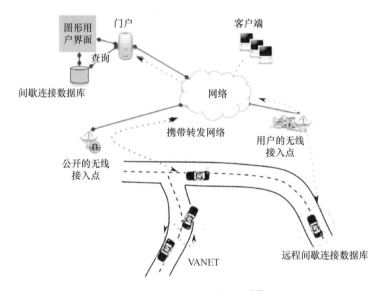

图 1-2　CarTel 系统架构[18]

4. 军事应用

在军事领域，部队会在战场上部署庞大的 Ad-Hoc 无线传感器网络，士兵会配备无线传感器以指示他们的位置。DTN 在军事上的应用与其他应用有相似之处。现代战争中战场之间互相孤立，军用车辆常被用来传递信息，扮演着移动信使的角色。然而不同于其他领域，军事战争中许多节点在行动中会被破坏，因此，需要部署冗余的节点，路由方案会更加复杂。此外，战术军事网络是以临时的方式建立的，节点运动速度快并且没有稳定的基础设施，因此，与其他 DTN 应用场景相比，会出现频繁的网络分区。

5. 社交移动网络

当前，社交移动网络引起了相当大的关注，它不仅可以在没有 Internet 的情况下提供流行的 Web 社交网络服务，还可以利用节点之间的社交联系来提供数据传输服务。D-Book[19]是社交移动网络的应用程序，提供创建、修改和共享个人资料等社交服务。此外，D-Book 允许用户向其他用户发送消息并订阅其他用户的个人资料。D-Book 只是一个 DTN 应用，不涉及底层数据传输的过程。D-Book 是在.NET 平台上开发的，可以在 Windows 平台的设备上使用。与 D-Book 类似，Uttering[20]也能在没有互联网支持的情况下为其用户提供社交网络服务。

还有其他的 DTN 应用场景，如环境监测、工业监测和灾后恢复等。在这些示例中，只需要无线传感器节点定期收集与环境和设备相关的数据（如热量、风速、湿度、表面振动、光强度、噪声等），并报告相关读数的任何异常变化。此外，DTN 还可以用于远程医疗服务，远程的医生可以通过图片或视频帮助当地医生对患者进行诊断。

1.3　DTN 的体系结构

就 DTN 目前的发展而言，最具代表性的是一种基于覆盖网（Overlay Network）的方案，它能将不同的通信设备实现互联。这是一个全新的网络架构，核心在于在传输协议（TCP、UDP）之上加入面向消息的端到端覆盖架构，称为"束层协议（或束协议）"（Bundle Protocol，BP）。DTN 协议体系结构如图 1-3 所示。

应用层	CDFP、NTP等	
覆盖层	BP	
传输层	LTP	TCP、UDP
网络层		IP
网络接口层	CCSDS长距离链路等	

图 1-3　DTN 协议体系结构

DTN 将不同的通信网络划分为不同的区域，每个区域通过 DTN 的网关连接[22]，提供了两种不同协议栈之间相互转换的标准方式，构建了通用的应用层网关架构，保证了应用程序可以跨越多个通信协议进行通信。在同一区域内的节点因为使用相同的通信协议，可以直接传输和接收数据。图 1-4 所示为抽象的 DTN 模型，图中有 4 个局域网络和 1 个骨干网络。局域网络和骨干网络拥有不同的通信协议和架构。按照传统通信网络，它们之间无法做到互通互联。在 DTN 体系架构中，由于引进了覆盖层，骨干网络与区域网络可以通过 4 个 DTN 的网关实现互通互联。DTN 网关就像一座桥，用于实现不同协议之间的转换操作[21][22]。

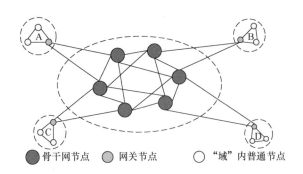

● 骨干网节点　　● 网关节点　　○ "域"内普通节点

图 1-4　抽象的 DTN 模型

要了解 DTN 的网络协议体系，就必须知道 DTN 网络重点发展的两个协议：BP 和 LTP。BP 是一种覆盖网协议，运行在不同的底层协议之上，如现有的 Internet 协议及其他更复杂的协议。DTN 中很多问题都可以通过 BP 解决，但有的问题必须由底层协议来处理，这时 LTP 便发挥了作用[23]。例如，在复杂深空通信环境中，存在长时延和链路频繁中断问题，需要一种能容忍这种环境的点到点协议，LTP 便是处理点到点可靠性传输的协议。

1.3.1　BP

BP 是 DTN 协议体系中一个重要协议，BP 工作在 LTP、TCP、UDP 等协议之上。BP 的主要功能有保管传输、保障端到端的可靠性等。图 1-5 所示为 BP 节点结构示意图。其中，应用层代理利用 BP 服务发送、接收和处理应用数据单元（Application Data Unit，ADU）数据；BP 代理执行束协议流程并提供服务，其提供的服务主要有在端点注册节点、中止注册、将注册在主动和被动状态转换、将 Bundle 传送至识别的端点、取消传输、查询被动状态下的注册、递交已接收 Bundle；汇聚层适配器使得 BP 代理能够利用底层协议提供的服务[24]。在 DTN 体系中采用了存储与转发机制，该机制侧重于存储，也就是先存储后转发。当在 Bundle 发送过程中出现链路中断情况时，Bundle 会保存在中继节点中，等待下一次传输时机的到来。当链路再次可传输时，再将 Bundle 从中继节点发送到下一个节点。存储与转发传输机制能在一定程度上解决受限网络中因链路频繁中断而造成的数据传输困难问题。

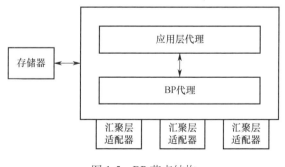

图 1-5　BP 节点结构

BP 中具有保管权限的概念，即 Bundle 的保管权限仅局限于当前节点，目的是保证 Bundle 本身的完整性[25]，以应对复杂多变的深空环境，防止在长时间延误和链路长时间中断的情况下 Bundle 的完整性受到破坏，避免使数据传输的可靠性大大降低。BP 层中数据的保管传输过程如图 1-6 所示。

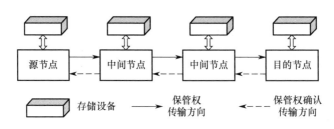

图 1-6　BP 层中数据的保管传输过程

可以看出， Bundle 从本地节点往下一个节点传输前，是保存在本地的存储设备中的，本地节点拥有该 Bundle 的保管权。下一个节点根据路由信息来决定是否接收这个 Bundle。数据开始传输时，保管权仍然不变，当传输过程中出现链路中断，保管权仍然保留在原发送节点。只有当下一个节点完整接收 Bundle 之后，才向上一个节点发送确认信息，上一个节点接收到信息之后便会删除此 Bundle。而此时保管权的所属产生了改变，变为由下一个节点掌握，这个过程保证了 Bundle 的完整性。除已注册接收节点的 Bundle 传输完毕外，如果别的节点完整接收了此 Bundle，那么它的保管权也会改变[26]。另外，如果 Bundle 本身的生存时间已到，那么所在的节点也会将它删除，不再保留它的保管权。

BP 传输的基本数据单元 Bundle 由两个或者更多数据"块"（block）组成。作为第一个数据块，每个 Bundle 有且仅有一个 primary bundle block。primary bundle block 之后可能跟随多个其他类型数据块，如 Bundle 安全协议（Bundle Security Protocol，BSP）数据块等。这些数据块中最多只能有一个是 payload block。最后一个数据块必须标记"last block"标识符。数据块格式中的值都用 SDNV（Self-Delimiting Numeric Values）表示，以减小传输带宽消耗。其中，primary bundle block 和 payload block 格式如图 1-7 所示。

版本号	控制标识符
数据包长度	
源、目的、保管等节点ID	
时戳、序列号	
生存时间	
检索字典信息	
分块数据偏移量（*）	
完整数据包长度（*）	

图 1-7　primary bundle block 和 payload block 格式

primary bundle block 包含 Bundle 传输所需的基本路由信息，主要有以下几种。

（1）控制标识符。控制标识符包含 3 个部分：状态报告、服务等级、通用设置，定义了消息状态报告请求设置、是否为管理记录、是否需要保管传输、Bundle 分块等信息。

（2）源节点、目的节点和保管节点地址。端点 ID 包含两个部分：Scheme Offset 和 SSP（Scheme-Specific Part）。通过记录源节点、目的节点和保管节点，结合检索字典寻找相应节点。

（3）时戳、序列号及生存时间。时戳记录 Bundle 产生的时间，单位为秒。序列号用以区分时戳相同的 Bundle，并在当前时间增加一秒之后归零。DTN 节点不能产生两个具有相同时戳和序列号但数据不同的 Bundle。因此，时戳和序列号共同唯一标识 Bundle。生存时间表明 Bundle 在网络中保存的有效期，当当前时刻大于 Bundle 时戳和生存时间之和时，节点没有继续保存或推送该 Bundle 的义务，Bundle 可能会被删除。

（4）检索字典信息。字典由一系列所有端点和潜在端点 ID 的 Scheme Offset 和 SSP 构成，其长度用字典长度记录。

（5）分块数据偏移和完整数据包长度。分块数据偏移记录从原始应用数据开始计算分块数据偏移量，完整数据包长度记录原始应用数据单元长度。这两部分只有在控制标识符表明数据已分块的时候进行记录。

1.3.2　LTP

LTP（Licklider Transmission Protocol）是针对传输时延长、频繁中断的链路设计的点对点可靠的束传输协议。LTP 传输基本数据单元称为 Segment，包括如下 5 种类型：DS（Data Segment）、RS（Report Segment）、RA（Report-Acknowledgment Segment）、CS（Cancel Segment）和 CAS（Cancel-Acknowledgment Segment）。Segment 数据格式如图 1-8 所示。

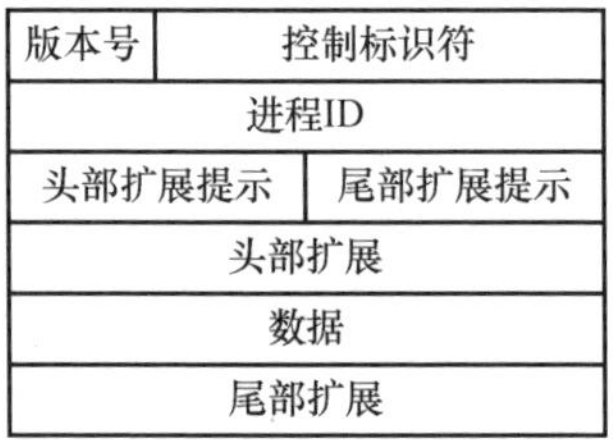

版本号	控制标识符	
进程ID		
头部扩展提示	尾部扩展提示	
头部扩展		
数据		
尾部扩展		

图 1-8　Segment 数据格式

在 LTP 中，对于每个 Segment，都可以根据数据段本身的特性或者信道容量，分为可靠的 Segment 和不可靠的 Segment，两者可以在 Block 中共存，也可以单独存在。为了区分这两种数据段，把需要可靠传输的数据段称为红色数据段，它采用了确认—重传机制，当数据段出现丢失或错误时，要进行重传。把不需要可靠传输的数据段称为绿色数据段，它不采用确认—重传机制[27]。尽管如此，红色数据段仅表示它是需要可靠传输的数据段，但并不表示它的优先级高于绿色数据段。

与 Internet 建立连接之前需要收发双方协商，LTP 数据发送是应用层程序单方面发起的。发送节点将待发送 Segment 数据推送至发送队列中，Segment 数据大小由底层协议决定。红色部分中最后一个 Segment 被标记成 EORP（End Of Red-Part），用以表示红色部分结束，并且作为检查点，指示接收节点生成相应接收报告[28][29]。数据块最后一个 Segment 被标记成 EOB（End Of Block），并且指示接收节点可以通过计算接收 Segment 数据量之和来确定接收数据块大小。LTP 利用"链路状况指示"（Link Clue）获取链路中断信息。当传输机会到达时，发送队列中的数据按顺序发送至数据链路层。与此同时，关于 EORP 的定时器开始计时，如果接收端的反馈在定时器计时结束时未到达，发送端自动开始数据重传。LTP 传输过程如图 1-9 所示，当接收端接收到 EOB 信号之后开始计算绿块数据是否发生丢失，如果发生丢失，则直接进行整个 Block 的重传。当以红块的方式进行传输时，则通过进行检测红块数据段尾部 EORP 来判断是否有红块数据丢失。在每次传输开始前启动 EORP 计时器，一旦超过了定时器时限还没有接收到 EORP 时，就认为数据包发生了丢失，自动进行重传[30]。

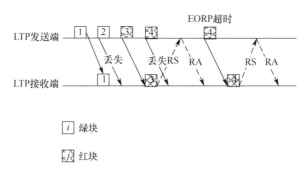

图 1-9　LTP 传输过程

参考文献

[1]　余侃民，钟赟，孙昱，等. DTN 网络路由技术研究综述[J]. 计算机应用与软件，2016，33（7）：148-153.

[2]　李向群，刘立祥，胡晓惠，等. 延迟冲断可容忍网络研究进展[J]. 计算机研究与发展，2009，46（8）：1270-1277.

[3]　COLA T D, ERNST H, MARCHESE M. Performance analysis of CCSDS file delivery protocol and erasure coding techniques in deep space environments[J]. Computer

Networks, 2007, 51(14): 4032-4049 .

[4] DURST R C, FEIGHERY P D, SCOTT K L. Why not use the standard internet suite for the interplanetary internet?[EB/OL]. [2008-03-21].

[5] 樊秀梅，单志广，张宝贤，等. 容迟网络体系结构及其关键技术研究[J]. 电子学报，2008，36（1）：161-170.

[6] CESARONE R J, ABRAHAM D S, DEUTSCH L J. Prospects for a next-generation deep-space network[J]. Proceedings of the IEEE, 2007, 95(10): 1902-1915.

[7] IVANCIC W, EDDY W M, STEWART D, et al. Experience with delay-tolerant networking from orbit[J]. International Journal of Satellite Communications & Networking, 2010, 28(5-6): 335-351.

[8] WEI K, XIAO L, KE X. A survey of social-aware routing protocols in delay tolerant networks: applications, taxonomy and design-related issues[J]. IEEE Communications Surveys & Tutorials, 2014, 16(1): 556-578.

[9] VOYIATZIS A G. A survey of delay- and disruption-tolerant networking applications[J]. Journal of Internet Engineering, 2012.

[10] JUANG P, OKI H , WANG Y, et al. Energy-efficient computing for wildlife tracking: design tradeoffs and early experiences with zebraNet[J]. Computer Architecture News, 2002.

[11] SMALL T, HAAS Z J. The shared wireless infostation model: a new ad hoc networking paradigm [C]// MobiHOC, Field of Applied Mathematics Cornell University Ithaca, 2003.

[12] JAIN V R, BAGREE R, KUMAR A, et al. WildCENSE: GPS based animal tracking system [C]// International Conference on Intelligent Sensors, 2008.

[13] FALL K. A delay-tolerant network architecture for challenged internets [C]// Proc. of the 2003 Conference on Applications, Technologies, Architectures and Protocols for Computer communications, August 25-29, 2003, Karlsruhe, Germany. New York: ACM, 2003: 27-34.

[14] JAIN S, FALL K, Patra R. Routing in a delay tolerant network [C]// Proceedings of the ACM SIGCOMM 2004 Conference on Applications, Technologies, Architectures and Protocols for Computer Communication, August 30 - September 3, 2004, Portland, Oregon, USA. New York: ACM, 2004: 145-158.

[15] PENTLAND A, FLETCHER R, HASSON A. Daknet: rethinking connectivity in developing nations[J]. IEEE Computer, 2004, 37(1): 78-83.

[16] Wizzy Project. http://www.wizzy.org.za/.

[17] PEREIRA P R, CASACA A, et al. From delay-tolerant networks to vehicular delay-tolerant networks[J]. IEEE Communications Surveys & Tutorials, 2012, 14(4): 1166-1182.

[18] HULL B, BYCHKOVSKY V, ZHANG Y, et al. Cartel: a distributed mobile sensor computing system[C]// Proceedings of the 4th International Conference on Embedded Networked Sensor Systems, SenSys, October 31 - November 3, 2006, Boulder, Colorado, USA, 2006: 125-138.

[19] CLARK R J, ZASOSKI E, OLSON J, et al. D-book: a mobile social networking application for delay tolerant networks [C]// Proceedings of the Third ACM Workshop on Challenged Networks, San Francisco, California, USA, 2008: 113-116.

[20] ALLEN S M, COLOMBO G, WHITAKER R M. Uttering: social microblogging without the internet [C]// Proceedings of the Second International Workshop on Mobile Opportunistic Networking, Pisa, Italy, 2010: 58-64.

[21] SCOTT K, BURLEIGH S. Bundle Protocol Specification[S]. IETF RFC5050, 2007.

[22] WOOD L, EDDY W M, IVANCIC W, et al. A Delay-Tolerant Networking convergence layer with efficient link utilization[C]// International Workshop on Satellite & Space Communications, Salzburg, Austria, 2007: 168-172.

[23] SAMARAS C V, TSAOUSSIDIS V, PECCIA N. DTTP: a delay-tolerant transport protocol for space internetworks[C]// 2nd ERCIM Workshop on eMobility, 2008.

[24] CARDEI I, LIU C, WU J, et al. DTN routing with probabilistic trajectory

prediction[C]// Wireless Algorithms, Systems, and Applications: Third International Conference, WASA 2008 Dallas, October 26-28, 2008, TX, USA. Berlin: Springer, 2008: 40-51.

[25] SCHOOLCRAFT J, BURLEIGH S, JONES R, et al. The deep impact network experiments-concept, motivation and results[C]// Space Operations 2010 conference, April 25-30, 2010, Huntsville, Alabama, USA. ACM, 2010: 3195-3202.

[26] TSAOUSSIDIS V, PSARAS I, Samaras C V, et al. Some Comments on Delay-Tolerant Networking for Space Communications, 2014.

[27] 周晓波，周健，卢汉成，等. DTN 网络的延时模型分析[J]. 计算机研究与发展，2008，45（6）：960-966.

[28] 李文斌. 基于存储状态的延迟容忍网络路由算法研究[D]. 西安：西安电子科技大学，2010.

[29] 宋静华. 基于网络连接的 DTN 路由算法[D]. 大连：大连理工大学，2011.

[30] BIN TARIQ M, AMMAR M, ZEGURA E. Message Ferry Route Design for Sparse Ad-Hoc Networks with Mobile Nodes[C]// Proceedings of the 7th ACM International Symposium on Mobile ad hoc Networking and Computing, May 22-25, 2006, Florence, Italy. ACM, 2006: 37-48.

第 2 章

空间 DTN 模型

2.1 空间信息网络

20 世纪 70 年代，我国成功发射"东方红一号"人造地球卫星，开创了中国航天史的新纪元，标志着中国从此开启了卫星通信和空天信息传输技术发展的新征程。近年来，伴随着航天科技和空间科学的急剧发展，单个卫星独立完成的工作越来越多，要求的技术也越来越复杂。各卫星自成一脉、互不兼容、缺乏有效的协调和管制的短板，随着军用、民用等数据通信的需求不断增多而日益突出，基于多平台结构组网的空间信息网络应运而生。

空间信息网络是以空间平台（如地球同步卫星，中、低轨道卫星，平流层飞艇或者气球，有人或无人驾驶飞机等）为载体，实时获取、传输和处理空间信息的网络系统[1]。数以万计各个轨道层面的卫星和有人或无人驾驶飞机通过组网互联，从环境中实时获取海量数据，并进行传输、处理，实现空间遥感、空间导航和空间通信的一体化集成应用与协同服务。空间信息网络主要分为两段三层结构，其体系结构具体模型如图 2-1 所示。空间段包括天基和空基在内的所有航天飞行器[2]。天基主要包括 3 个部分：不同运行轨道的通信卫星（LEO、MEO、GEO 等[3][4]）；对地观测、实时气象传输的遥感卫星；基于 GPS 定位的导航卫星。空基位于距离地球表面 10～30 公里（kilometer，km）的平流层[5]，平流层的大气多进行水平横向运动[6]，运行在这个区域的飞行器（无人飞机、飞艇、热气球等）可以减少重力的影响。地面段（地基）按网络体系可分为 3 个部分：①用于监测、调控卫星、飞行器运行情况的网络站点，如工程测控网、同步卫星和中低轨道卫星运控网络站点；②用于数据上传下载的大型军用或民用业务网络站点，如移动通信网[7]、多媒体通信网、陆地基站、海洋通信网等；③用于小型网络信息发射和接收的数据网络节点，如手机终端、多媒体终端、互联网终端、海洋发射站等。三层网络之间均采用微波链路[8]进行数据传输和交换。空间信息网络的功能如下：①遥感与导航数据快速获取与处理服务。通过多平台协同观测、星地协同处理和星地快速传输，实现全天时、全天候、近实时地获取和处理遥感、导航等多种数据，将信息及时推送给用户；②地面移动宽带通信服务。空间信息网络能够克服地面网络覆盖范围不足的局限，可为全球任意位置的用户提供安全、可靠、高速的通信和数据传输服务；③航天器测控、通信与导航服务。利用空间信息网络能够为各类航天器实时传输数据、图像和语音信息，部分取代地面测控设施转发航天器测控数据，并为深空探测航天器提供导航、数据中继等服务[9]。

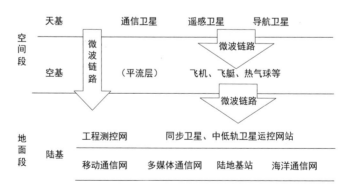

图 2-1　空间信息网络体系结构模型

　　早在 18 世纪 70 年代，美国和欧洲各国已经开始了对于空天多平台系统的研究，也取得了不错的成绩，其中最具代表性的就是由美国国防部主导、NASA

等航天部门高度配合的项目——转型卫星通信系统（Transformational Satellite Communications System，TSAT）[10][11]。1996 年，NASA 把多个经过长时间建设的广域测控网进行合并，形成了综合业务网（Nasa Integrated Service Network，NISN）[12]，这一举措为现代空天通信的多网融合打下了坚实的基础。1998 年，NASA 开启了另一个研究项目——星际互联网（Inter Planetary Network，IPN）[13]，旨在为深空通信（地球之外的太空与地球的数据传输）提供方向，其中涉及通过地球空天系统的网络互联进行数据的传输，为之后的空天通信奠定基础。2004 年，NASA 公布了一项关于空间信息网络的规模组成、具体的网络模型节点、计划要完成的任务等详细规划，并以地月通信为例进行了简单说明[14]，在之后的 10 年进行了实际验证[15]。2006 年 TSAT 在空基组网基础上的卫星协同数据传输、2007 年的 NGPR-2 项目验证了利用空间网络体系进行实时资源分配的可行性，进一步验证了多平台结构组网[16]通信功能的强大。相比于国外对于空间信息网络项目的研究，国内空天网络体系的发展相对缓慢。2013 年 10 月，工业和信息化部启动了"天地一体化网络"的项目研究计划。2014 年 1 月，国家自然科学基金委员会启动了"空间信息网络基础理论与关键技术"重大研究计划。虽然我国在这一领域的研究时间相对滞后，但这并不妨碍我国在空间信息网络领域的井喷式发展。目前我国已成功发射铱星、北斗、神舟等系列卫星，并且成为全球第三个掌握返回式卫星技术的国家，为空天信息通信打下了良好的基础。近年来，以哈尔滨工业大学为首的各大高校也开始了对多平台结构组网通信的相关研究，已经发表了大量的高水平论文。2017 年 4 月 18 日，由哈尔滨工业大学自主研发的第二颗卫星"紫丁香一号"被成功发射进入太空，这是我国高校在空天通信领域的一大进步。

　　空间信息网络是我国具有战略性意义的数字信息化基础设施。未来，我国向高质量发展转型必须依托于信息网络为其提供数字化信息服务。与传统地面网络不同的是，空间信息网络覆盖范围更广，可以为偏远的山区和海洋区域甚至遥远的太空提供紧急通信服务。但是，由于卫星本身运动速度较快，以及高动态性和异构性的网络环境、频谱资源和功率资源等方面的约束，给空间信息网络的研究和发展增加了挑战。

2.1.1 卫星通信网络

卫星通信网络是由多个地球站通过一个或多个卫星组成的通信网络。利用卫星通信，人们可以打电话、上网、收看电视、收听广播；利用气象卫星，人们可以进行天气预报查询；利用卫星定位导航系统，人们可以进行导航和定位并规划路径；利用侦察卫星，人们可以进行军事侦察和情报搜集；利用月球探测卫星，人们可以探测月球附近的资源等等。目前，人们的生活与卫星通信已经紧密相关。

下面简单回顾一下卫星通信的历史。1945 年 10 月，Arthur C. Clarke 在 *Wireless World* 上发表的一篇文章中提出了卫星通信的设想，Clarke 认为在赤道上空一定高度的轨道上设置 3 颗卫星（如 30°E、150°E、90°W），可以覆盖全球。1957 年 10 月 4 日，苏联发射了全球第一颗人造卫星——Sputnik，拉开了人类向太空进军的序幕。世界各国纷纷开始研制人造卫星，美国、法国、日本、中国和英国紧接着发射了代表综合国力的本国首颗人造地球卫星。人造卫星起步早期，运载火箭的推力有限，只能将卫星发射到近地轨道，直到 20 世纪 60 年代末，运载火箭的快速发展使得人类可以将卫星送至地球同步轨道。从此，卫星通信进入快速发展的进程。

卫星网络是由在轨运行的多颗卫星构成的能够覆盖全球的通信网络，它不仅可以为各种生产及科学活动提供通信服务，还可以为空间信息网络中远距离、长时延的信息传输提供中继[17]。为了建设发展我国的卫星网络，实现在任何时刻、任何地点的连续通信，越来越多的卫星被送入太空，如东方红通信广播卫星系列、天链系列等。由此可见，我国的空间通信应用范围越来越广，涉入的层次越来越深。

但是，对于卫星网络来说，复杂的空天环境所带来的链路资源紧缺、高动态性、高误码率，使其在传输信息的过程中面临巨大的挑战，主要体现在以下几方面。

（1）卫星网络拓扑随时间演变。由于网络中节点的高速移动，节点间的距离也随着时间不断变化，导致数据传输链路频繁中断，很难保证稳定的端到端传输路径。

（2）链路速率的高度不对称。由于卫星网络节点的数据传输与存储性能不同，星载带宽资源严重受限，使得上下行数据链路带宽差异较大，导致数据传输速率差异明显，甚至产生网络拥塞及丢包。

（3）链路具有较高的误码率。由于空天环境的恶劣，网络中各节点高速运动，造成信道衰落因而链路误码率较大。例如，卫星与地面站的数据链路（Ground-Satellite Link，GSL）及卫星与卫星之间的数据链路（Inter-Satellite Link，ISL）的误码率都比地面网络高，通常为 $10^{-6} \sim 10^{-4[18]}$。

随着空间通信的飞速发展，人类对于信息的需求也日益增加，这就需要利用卫星网络来对应用数据进行大容量的传输。人类使用卫星网络传输数据的种类和行为规律不同，这些都会导致卫星网络中产生突发性数据业务[19]。图 2-2 所示为对地观测卫星系统结构，在如此复杂的空天环境中，端到端的传输链路很难存在，链路的带宽资源受到限制。此外，卫星节点的能量主要来源于太阳能充电，但是节点的高速轨道运动和姿态变化使得充电时间受限，因而卫星节点的能量是非常宝贵的。面对这样的传输资源条件，如何保障突发性的观测任务数据以最小能量开销及时传输到地面站是一个非常有挑战性的课题。

近年来，物联网（Internet of Things，IoT）技术快速发展，在环境监测、智能家居、智慧城市等方面发挥着重要作用。然而，现有的物联网都是基于基站构建的，基站部署成本较高且抗毁性较差，因而地面物联网有许多局限性，这些因素导致人们开始寻求其他类型的网络与物联网进行结合，卫星物联网的概念应运而生。卫星物联网是将地面物联网和低轨卫星星座结合进行数据采集和传输的网络。下面介绍常见的卫星网络系统模型。

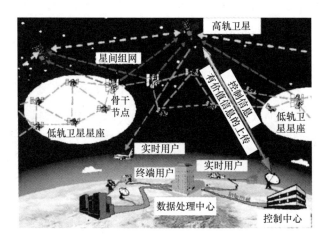

图 2-2　对地观测卫星系统结构[9]

1. 低轨卫星星座

相比地球同步轨道（Geostationary Earth Orbit，GEO）卫星，近地轨道（Low Earth Orbit，LEO）卫星提供的通信服务具有较低的时延，但是通常以覆盖范围和数据速率的减小为代价[20]。关于数据速率的问题，通常的解决方案是使用在毫米波频段内工作的收发器以增加可以达到的速率[21]。覆盖范围的减小导致 LEO 卫星只有在固定的时间范围内才能被地面定期观测，为了增加卫星与地面用户通信的机会，从而增加数据交换量，可以通过部署更多 LEO 卫星组成低轨卫星星座，并为其配备适用于卫星间链路（Inter-Satellite Link，ISL）的天线。目前，这种卫星星座很受研究者和商用开发者的青睐，因为新一代 LEO 卫星的质量可以减少至几千克，相对于 GEO 卫星，其运营支出和资本支出都减少了，这些特性使它们成为部署广域物联网服务[22]的首选卫星。

根据覆盖范围和轨道进行划分，可将低轨卫星星座分为两类：倾斜圆轨道卫星星座和极轨卫星星座。其中，极轨卫星星座的优点是对高纬度地区尤其是极地地区的覆盖能力较强，但是对于中低纬度等人口密集区域的覆盖能力不如倾斜圆轨道卫星星座，而这些区域又是物联网用户主要分布的地区，所以，目前低轨卫星星座设计还是以倾斜圆轨道卫星星座为主。这种星座中有一种特殊且常用的星座设计方式——Walker 星座。

一般来说，Walker 星座分为两种：Walker-δ 和 Walker star。两种星座均可以用一组四元参数 (S,p,q,i)[23]进行描述，其中：S 为卫星总数；p 为轨道面个数；q 为无量纲整数，$q=0,1,2,\cdots,p-1$；i 是每个轨道面的倾角，每条轨道上的卫星数量为 $N_L=S/p$。图 2-3 所示为两种星座的构型，从图中可以看出，在 Walker-δ 星座中，轨道倾角 i 一般为 $40°\sim60°$，在 Walker star 星座中，则一般为 $80°\sim90°$；$\Delta\phi$ 表示位于赤道面的邻接轨道角距离，$\Delta\phi=\Pi/S$，其中，Π 表示赤道上一个轨道周期的总角度。

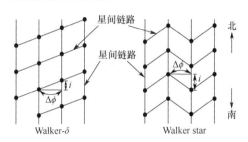

图 2-3　两种星座的构型

当卫星总数 S 确定时，不同的 p 和 q 可以搭配组成不同形状的 Walker-δ 星座。当 $p=S$ 时，Walker-δ 星座又称玫瑰星座。

图 2-4 所示为当其他参数相同时，不同轨道倾角的 Walker 星座对地覆盖情况。

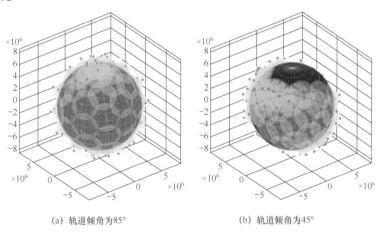

(a) 轨道倾角为 $85°$　　　　　　(b) 轨道倾角为 $45°$

图 2-4　不同轨道倾角的 Walker 星座对地覆盖情况

由图 2-4 可以看出，当轨道倾角为 85°时，轨道接近于极地轨道，卫星在两极处的覆盖性能最好，而在中低纬度虽然也能做到无缝覆盖，但大部分地区在某一时刻仅能被一颗卫星覆盖；当轨道倾角为 45°时，虽然不能覆盖两极区域，但是在 75°以下的区域，大部分地区都能做到多星覆盖，具体可连接的卫星颗数与卫星覆盖半张角和每条轨道的在轨卫星数量有关。

2. 卫星物联网系统架构

由于卫星物联网还是一个新兴概念，并没有形成规范，许多学者都提出过卫星物联网的架构。一般来说，可将系统架构分为两类：直接接入型卫星物联网和间接接入型卫星物联网[24]。图 2-5 所示为直接接入型卫星物联网系统架构，这是没有汇聚节点的场景。

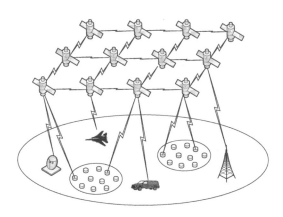

图 2-5　直接接入型卫星物联网系统架构

由图 2-5 可以看出，直接接入型卫星物联网中各种终端节点都具有直接与卫星通信的功能，包括基站、汽车、飞机等交通工具，以及各种普通传感器节点等。这些终端节点所产生的数据都会直接上传至低轨卫星，经卫星网络传输后再下发到某个地面节点进行接收。

图 2-6 所示为间接接入型卫星物联网系统结构。与图 2-5 不同的是，间接接入型卫星物联网的地面网络中有一类特殊节点——汇聚节点。汇聚节点的作用是收集某个区域内节点产生的数据，并将这些数据发送给卫星，即汇聚节点相当于一个转发器。只有汇聚节点具有直接与卫星通信的能力，普通

的节点不配备卫星通信装置。

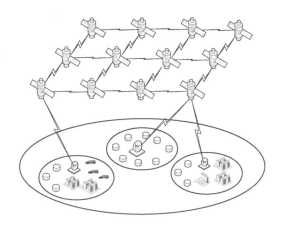

图 2-6　间接接入型卫星物联网系统架构

通过比较两种卫星物联网架构可知，间接接入型网络对汇聚节点的依赖较大，如果汇聚节点损毁，可能导致某个区域内所有的节点都无法接入网络。直接接入型网络不仅没有这个问题，而且增强了系统抗毁性，但是带来了其他问题，主要包括以下几点。

（1）物联网中存在大量传感器节点，单个传感器的体积通常不大，发射功率和能量都比较受限，功率不够，卫星接收到的信号强度也会很小，可能影响通信质量。

（2）不使用汇聚节点，意味着能同时接入卫星的节点数量将大大增加，且物联网突发性较强，大量的突发用户同时接入一颗卫星，将会产生冲突和碰撞，这对碰撞检测和避让机制要求较高，相应的算法复杂度较高，但是对物联网终端的低能耗需求恰恰限制了它们通常不可以使用复杂度较高的算法。

（3）物联网中存在大量的短突发数据包，如果采用相同的通信流程，节点和卫星通信所需的开销将会大大增加。

可以看出，以上 3 个问题最终会导致节点能耗大大增加，节点寿命缩短，整个网络通信开销极大。经过比较，认为间接接入型卫星物联网是一种更适于实际应用的方案。

2.1.2　深空通信网络

深空通信是指地球上的通信实体与离开地球卫星轨道进入太阳系空间的飞行器之间的通信，距离可达几百万、几千万、以至亿万千米以上。由进行深空探测的卫星、探测器和地面站等组成的网络就是深空通信网络。一般的深空通信网络主要用于航天器测量、航天器控制、高速空间探测数据的传输、天文研究等。

近年来，世界上各个航天大国都积极推动和发展深空探测，制订了各类发展规划和探测计划。月球是深空探测的起点和基础，也是人类探索外层生存空间、开发利用空间资源、扩展对地球和宇宙认知的理想基地和前哨站。20 世纪 60 年代，美国成功实施了"阿波罗计划"，使得人类对月球的认识更加全面和深入，取得了人类载人航天历史上辉煌的成就，带动了大批科技创新成果的快速增长[25]。

美国是目前唯一载人登陆月球成功的国家，在载人航天领域占据关键地位。1961 年至 1972 年的"阿波罗计划"，NASA 先后进行了 11 次载人飞行任务，6 次成功登陆月球，将 12 名宇航员送上月球并安全返航，搜集了许多月球岩石、土壤标本，并带回了大量月球影像和科学数据[26]。进入 21 世纪，美国发射了"月球轨道勘测器"、"月球重力场探测卫星"和"月球大气与尘埃探测卫星"等多颗月球探测器，并提出了 21 世纪太空探索新战略，计划于 2025 年实现人类首次访问近地小行星，最终实现载人登陆火星的目标[27][28]。此外，美国基于"星座计划"的运输系统和航天飞机，正在研制多用途乘员飞行器和航天发射系统，目标是具备到达包括月球、小行星、火星及附近区域的载人飞行能力[29]。

苏联是率先进行月球探测的国家，先后进行了 18 次月球探测和飞行任务，首次实现了绕月飞行、硬着陆、软着陆、月球背面照片采集、月表采样返回和自动月球车勘察。2012 年 4 月，俄罗斯政府公布了《2030 年前及未来俄罗斯航天活动发展战略》[30]，将月球探测列入重点发展方向，计划在 2025 年开发月球机器人，进而发展载人登月运输系统，2030 年前后实现绕月飞行，并陆续开始建设持续运营的月球空间站和研究实验室。

欧盟、日本和印度等国家的太空研究机构，先后成功发射了 "SMART-1""月亮女神"和"月船 1 号"等月球探测卫星，对月球表面进行环绕探测和着陆实验[31]。2004 年 2 月，欧洲航天局正式宣布了"曙光空间探索计划"，为欧洲国家参与月球和火星载人探测规划了长远目标[32]。2010 年 11 月，日本宇宙航空研究开发机构公布了月球探索路线图，提出于 2020 年建立机器人月球基地、2030 年参与国际合作的载人月球探索活动[33]。

我国的"嫦娥探月工程"已经圆满完成了"绕""落""回"三步走计划，并取得了成功。其中，"嫦娥一号""嫦娥二号"和"嫦娥三号"月球探测卫星成功实现了月面三维影像采集、硬着陆、软着陆、玉兔月球车巡视勘察等任务。2018 年发射的"嫦娥四号"探测卫星，首次实现月球背面软着陆，登陆月球南极附近的"艾特肯"盆地，"嫦娥五号"探测卫星圆满完成了自动采样返回任务。探月工程三步走任务完成后，我国将掌握地月飞行、地月遥测遥控、月球轨道交会对接和月面采样返回等关键技术，为我国开展载人登月计划奠定技术基础。以美国为代表的国外学者提出了多个环月中继轨道，如椭圆极月轨道、极地圆轨道。图 2-7 所示为我国"嫦娥四号"探测器进行月背探测的中继卫星模型，中继卫星"鹊桥"处于特殊的地月 L2 点 Halo 轨道上。

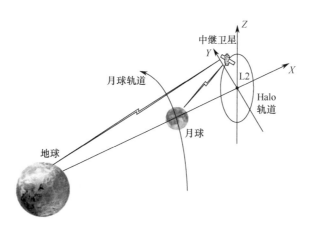

图 2-7　地月 L2 点 Halo 轨道中继卫星模型

除月球探测外，国内外还积极进行行星际探测，如探测火星、木星等。行星际探测是在太阳系内行星际空间进行科学活动，是研究太阳系起源和演化的手段。2022 年 1 月，我国发布第五部航天白皮书——《2021 中国的航天》，未来 5 年中国将实施探月四期、行星探测等新的重大工程，培育木星系和太阳系边际探测等重点项目，体系化推进空间天文、空间物理、月球与行星科学、空间地球科学等重点领域发展。其中，深空探测工程将实现如下 3 个任务：2024 年前后进行一次小行星探测；2028 年前后实施第二次火星探测任务，进行火星表面采样返回，开展火星构造物质成分和火星环境等科学研究；2036 年前后开展木星系及行星际穿越探测。

2022 年 1 月 6 日，著名科普杂志《科学美国人》网站刊出文章《中美科学家建议大胆的太阳系外任务》，介绍了计划中的美国"星际探测器"和中国"星际快车"日球层探测任务。探测器将进入星际空间，对 180 亿千米（120AU）外的太阳日球层边界进行探测，最终寿命可飞行到达离开地球 450 亿千米（300 AU）的地方，成为有史以来飞得最远的人类探测器。美国近些年来积极开展太阳系探测任务，寻找太阳系内其他有可能存在生命的星球，其计划的两个代表性项目已经正式立项，一个是"欧罗巴快帆"木星轨道器，将多次近距离飞掠木卫二（欧罗巴），重点探测其冰下海洋的生命迹象；另一个是计划于 2027 年发射的"蜻蜓"土卫六（泰坦）着陆器/直升机，计划在两年半中飞行 20 次，航程达 180 千米。2021 年，欧盟提出了"欧盟太空计划"，全方位规划了未来的行星际探测任务。欧洲第一个独立的外太阳系任务——木星冰月探测器计划于 2023 年发射，飞往木卫三这个太阳系中最大的卫星，寻找其冰盖下海洋中的生命。上述重大计划和探测任务的实施将为行星际的科学活动提供良好的机会和平台，同时也给行星际空间的通信技术提出了很高的挑战。

下面介绍国内外深空行星际探测的现状。

美国的行星际探测一直领跑全球，最早实施的探测计划是"先驱者计划"。1965—1968 年，先驱者 6、7、8 号探测器先后发射成功，用于在行星际空间探测太阳风、磁场和宇宙射线。此外，"水手计划"从 1962 年到 1973 年共进行了 10 次发射，成功获取了火星的第一组图片，"水手 9 号"也成为人类第一个火星轨道器。"旅行者计划"是美国行星际探测的丰碑，利用行星排列机会同时探测了木星、土星、天王星和海王星 4 颗行星，采集了宝贵的数据和图像。进入 21 世纪，美国的"新疆界"计划致力于对太阳系的一系列天体进行探测。2006 年的"新视野"号冥王星探测器、2011 年的"朱诺"号木星探测器、2016 年的"奥西里斯"贝努小行星探测器都属于该计划。2020 年，美国制定"发现计划"（Discovery Program）及"行星探测小行星创新任务"（SIMPLEx）计划，开始探测金星、火卫一和海卫一，还计划于 2023 年探测木卫二[34]。俄罗斯计划于 2023 年前后发射 Laplas-P 木星探测器，对木卫三进行着陆探测，并在 2030 年后实施登陆水星表面的"水星-P"计划。在金星探测方面，俄罗斯先后寻求与欧洲和美国的合作，发射金星-D 探测器，进行金星遥感观测，计划推迟到 2025 年以后。

欧洲通过与美、俄等国的广泛外部合作，成为行星际探测的后起之秀。欧洲航天局于 2005 年成功发射了"金星快车"飞船，其发射的"罗塞塔"彗星探测器圆满完成了探索使命。日本的行星际探测与欧洲航天局几乎同时在 20 世纪 80 年代起步，重点在于太阳和彗星、小行星。2003 年，日本成功发射"隼鸟"小行星探测器，2006 年成功发射"日之出"太阳探测器。

中国是近年来行星际探测领域的"新星"。2020 年，我国成功发射了火星探测器"天问一号"，"祝融号"火星车成功着陆火星乌托邦平原预定着陆区[35]，我国成为继美国后第一个成功实现火星探测车着陆的国家，为更远距离的行星际探测奠定了坚实的基础。我国计划于 2030 年发射的海王星探测器，途中探测主带小行星和半人马小行星各一颗（将释放两颗纳卫星就近探测），2040 年进入海王星轨道并释放两颗微卫星，探测海王星和海卫一大气层。它将持续工作 15 年，成为有史以来最远的地外行星轨道器。中国将开展日球层探测的"星际快车"计划，其由 3 个探测器组成，计划于 2024 年发射。这些探测器将借助地球、木星、海王星和柯伊伯带天体进行多次引力加速，将在 2049 年到达距地球约 150 亿千米（100AU）的日球层顶附近。为了拍摄日球层的形状，探测器将配备"高能中性原子成像仪"。中国的木星探测任务预计在 2029 年前后开始。探测器有两个可选方案：第一个方案是木卫四环绕器，将进入木卫四轨道并投放着陆器；第二个方案是木星系观测器，将先靠近木卫一，观察其火山和地质活动，最终将停留在日木系拉格朗日点长期观测木星系统。

深空通信网络为整个太阳系内的用户提供无处不在的端到端连接，其网络结构不断吸纳地面网络的技术，并将深空通信的特点考虑进来，设计适合深空通信网络的协议和传输技术。在进行深空探测时，由于超远距离，通常源节点不能直接将信号发送到地面终端，需要借助中继卫星的力量进行传输。图 2-8 所示为深空通信网络通过多跳中继连接各终端用户，各跳将相邻单元连接起来，包括地面链路连接和空间链路连接，其中地面链路连接包括用户与控制中心、用户和地面站、控制中心和地面站等；空间链路连接包括地面站和远方航天器、中继站和远方航天器等。

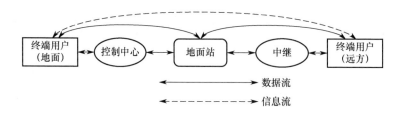

图 2-8　深空通信网络多跳连接终端用户

深空通信网络的链路存在比地面上更高的误码率、更长的传输时延，并且上下行链路速率非对称，这些特性会导致深空探测器与地面的通信链路频繁随机中断。那么，深空探测器获得的图像、视频、遥测等数据，将如何可靠地传输回地面呢？针对空间通信存在的问题，不能直接采用地面上成熟的通信协议，直接采用地面协议会使传输性能大幅度下降。目前存在一些针对空间网络特性而设计的传输协议，它们都有各自的适用范围。目前深空通信中广泛采用的协议为延迟/中断容忍网络（DTN）协议，它能提高深空通信长时延传输场景的通信性能。

2.1.3　空间协议技术

通信协议是指双方为了完成通信，需要在传输过程中约定的必须遵循的规则。地面标准协议体系主要包括 5 层，从底层到顶层分别是物理层、链路层、网络层、传输层、应用层，每一层又有其各自独立的规定，层与层之间的联合就构成了一个完整的协议。目前，TCP/IP 是地面网络通信的工业标准，TCP/IP 体系以网络层技术为核心来实现数据端到端的传输。但是研究人员和学者发现对于上文提到的空间信息网络，受限于网络环境，传统的TCP/IP 无法适用。针对这个问题，有学者提出进行相应的协议改进或者重新设计协议。

面对空间通信的各种业务需求和空间通信环境的复杂性，有的科学家提出可以通过把各种通信节点联合组网，以提高各节点的传输能力和资源利用率。在这种背景下，出现了星际互联网[36]（Inter Planetary Internet，IPN）。现有 3 类常见的星际互联网协议，它们是改进的 TCP/IP、CCSDS（Consultative Committee for Space Data Systems）协议、DTN 协议，下面对这 3 类协议体系的研究进展进行介绍。

1. TCP/IP

虽然 TCP/IP 在地面网络广泛应用，但是 TCP/IP 的握手、重传、超时等机制在具有挑战性的空间复杂网络环境中并不适用。为克服不适用的问题，有研究提出了对 TCP 进行改进后的算法机制，也有基于广泛应用的传输结构模型提出的空间通信协议。

国内外的研究人员提出对地面通信协议 TCP/IP 进行改进，主要针对

TCP/IP 本身进行参数或端到端传输过程优化，使其能够适应空间通信网络环境。其中，TCP-Westwood 就是对传统 TCP 拥塞控制算法进行改进的算法协议，虽然改进后的算法协议可以处理空间环境高误码率的情况，但并没有考虑链路长时延情况，在链路长时延状态下其性能依然较低[37]。TCP-Peach 也是一种对 TCP 拥塞控制算法改进的算法协议。TCP-Peach 既有传统的拥塞控制算法，也包含基于传统算法改进的算法：突然启动和快速恢复算法。与其他应用于卫星网络的 TCP 方案相比较，TCP-Peach 具有较大的有效吞吐量，而且可提供网络资源的公平共享[38]。除对算法的改进研究外，还有对性能的研究和分析。文献[39]通过对 TCP 在卫星网络中传输性能的研究和分析，指出了 TCP 应用于卫星网络中存在的问题，并针对这些问题，介绍和分析了一些解决方法。

有些研究在发端节点或者收端节点对数据传输过程中出现的链路拥塞进行改进，常见的协议有 TP-Planet[40]等。研究人员开展了实验，发现改进的协议尽管能够实现通信，且组网灵活，但仍然没有从根本上解决空间网络环境对 TCP/IP 性能的影响。

此外，国际空间数据系统咨询委员会（Consultative Committee for Space Data Systems，CCSDS）针对空间网络环境的特征，于 1999 年制订了空间通信协议规范（Space Communication Protocol Specification，SCPS）。SCPS 旨在为空间网络提供可靠的数据传输，以满足多空间节点任务下对于空间选路的需求，以及空间网络与地面网络进行通信的任务需求。SCPS 结构模型是基于地面网络广泛应用的 TCP/IP 四层结构模型，图 2-9 显示了 SCPS 的结构模型，以及 SCPS、TCP/IP 与 OSI 协议栈的关系。SCPS 提供了应用于不同层的多种协议，包含应用于网络层的网络协议（SCPS-NP）、传输层的安全协议（SCPS-SP）和传输协议（SCPS-TP），以及应用层的文件协议（SCPS-FP）[41][42]。SCPS 为了能与地面设备进行通信，在局部对地面网络进行兼容，且为适用于空间网络特定环境而对地面网络协议进行了适当的裁剪与扩充。2006 年，CCSDS 为解决 SCPS 暴露出来的问题，对 SCPS 部分协议进行了修改。

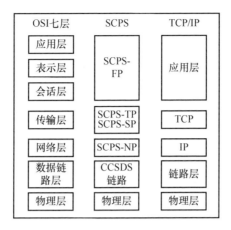

图 2-9 SCPS、TCP/IP 与 OSI 协议栈的比较

2. CCSDS 协议

为适应网络的发展，自 1982 年起，国际空间数据系统咨询委员会制定了一整套 CCSDS 空间通信协议规范[43][44]和准则。CCSDS 体系包含多个层，其中每层又包含若干可供组合的协议，这一系列的技术标准与建议范围很广。CCSDS 空间通信协议参考模型如图 2-10 所示。为了区别于基于 TCP 结构模型提出的 SCPS，CCSDS 协议体系提出了保证空间通信可靠性的文件传输协议（CCSDS File Delivery Protocol，CFDP）[45]。

为了能在深空环境中实现通信，CFDP 以保管传输的机制实现数据从源节点到目的节点的可靠传输，并在协议中使用反馈否定应答（Negative AcKnowledgment，NAK）机制和错误数据段自动重传（Automatic Repeat-reQuest，ARQ）机制。当协议数据单元因为误码率而出现传输错误或者丢失的情况时，接收端反馈否定应答信号，而发送端通过反馈的应答信号对出现的传输错误数据进行重传，实现数据的可靠传输[46]。CFDP 验证了在处理卫星通信信道及其他通信条件下某些问题的能力，并验证了其数据传输的高效性[47]。

CFDP 根据不同的业务需求提供可靠的和不可靠的数据传输模式。可靠的传输模式分为 4 种否定应答信号模式：立即 NAK（Immediate NAK）模式[48]、快速 NAK（Prompt NAK）模式[49]、异步 NAK（Asynchronous NAK）模式[50]和延迟 NAK（Deferred NAK）模式[51]。根据不同模式下的数据单元传输过程，建立数据单元的传输时延模型，得到数据传输时延与信道条件和数据本身长度的关系。不同的模式下各种反馈 NAK 机制所带来的数据传输性能也不相同[52]。CFDP 虽然可实现数据的可靠传输，却无法在空间通信中构建一个异构互联的网络。于是，一种新的网络结构被提出——DTN，以满足组建空间信息网络的需求。

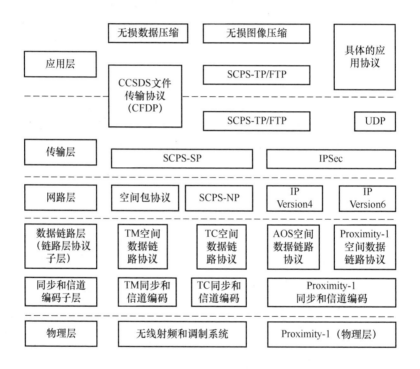

图 2-10　CCSDS 空间通信协议参考模型

3. DTN 协议

图 2-11 所示为 DTN 协议族。DTN 的概念于 2003 年首先由 Fall 提出[53]，随后延迟/中断容忍网络研究组对 DTN 进行相应的研究扩展。有研究提出的 DTN 体系结构包含覆盖层协议 BP[54]，覆盖层下的汇聚层包含 TCPCLP、Saratoga[55]和 LTP（Licklider Transmission Protocol）[56][57]等协议。DTN 现有

的 RFC 协议文档包含 DTN 体系结构文档（RFC4838）、BP 文档（RFC5050）、LTP 文档（RFC5326）及 LTP 动机文档（RFC5325）等。

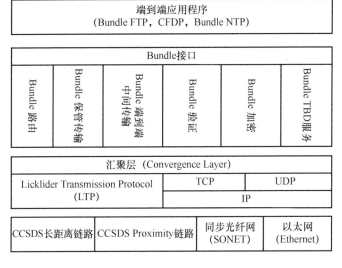

图 2-11　DTN 协议族

许多高校和学者都开展了 DTN 课题的研究，并取得了相应的研究成果。

（1）LTP-T（LTP Transport）[58]。LTP-T 是根据 LTP 进行改进的协议。在原本 LTP 的基础上，接收端需要接收到一个完整的数据块才进行该数据块的传输，而 LTP-T 在正确接收到数据块的某一部分时就往下发送并反馈确认信号，不需要等待接收一个完整的数据块。特别是在多跳通信过程中，LTP-T 减少了接收完整数据产生的等待时延，减少了多跳过程中的传输时延，提高了数据在多个节点上的传输速率。

（2）DTTP（Delay Tolerant Transport Protocol）[59]。DTTP 是 DTN 结合喷泉编码实现的，通过增加一定的信息冗余，提高数据传输的成功率。DTN 除结合喷泉编码外，还有结合其他一些编码算法的，如结合无速率编码的 RCLTP[60]，结合 LDPC 的 DTN 编码算法。通过和编码的结合，DTN 可以提高数据传输的成功率，减少传输所需要的时间。

（3）DTN 参数优化。在文献[61]中，作者分析了 Segment 大小和 Bundle

大小对传输时延的影响，分析建立多跳的传输模型，并通过 Segment 大小和 Bundle 大小之间的相互关系提出相应的 Segment 大小和 Bundle 大小的优化算法，实现数据在多跳时的传输优化。

2.2 空间 DTN

面对规模庞大、动态拓扑的近地空间卫星通信网络，距离遥远、受天体遮挡而频繁中断的深空通信网络，迅速增多的航天器、探测器等多种空间组织，以及高速、可靠的空间任务通信需求，构建一个延伸到空间领域的网络，在其上为多个空间组织提供类似于地面互联网的服务功能已经成为迫切的需求。空间网络互联服务（Space Internetworking Service，SIS）[62]的目标是为 CCSDS 提供空间通信实体间的网络化交互，最早由 NASA/JPL 开始 IPN 研究[63]，旨在寻求合适的协议体系嵌入 SIS，解决空间任务中异构网络的互联问题，实现端到端连接和数据传输。

空间 DTN 的构想是将地球外部空间的所有空间组织连通为一个整体化网络，借助架构于传输层之上的束层，提供和互联网关相似的功能，实现异构空间网络之间的无障碍交互。空间 DTN 整合了整个空间环境中区域网络的资源和能力，利用共享能力保障多种空间任务的高效执行，降低损耗和成本。要想构建空间 DTN，首先需要克服空间环境带来的客观难题。

（1）极端且多变的传播时延。主要针对深空通信网络，地球至各大行星的单程传播时延达到分钟甚至小时级，且受到近/远地点的影响，即使对于同一行星，传播时延差也可能达到几十分钟。

（2）不对称的前向和反向信道。在空间通信中，前向和返回链路的通信负载能力将达到 1000∶1，甚至只有单向信道。

（3）无线电和射频通信链路误码。近地和深空空间的通信链路误码率均很高，甚至达到 10^{-1}。

（4）频繁中断的通信链路。受到行星自转的影响，探测器和航天器与地球的通信频繁中断，即使在链路可见的情况下，由于空间复杂的电磁环境，也会出现通信中断。

（5）有限的空间飞行器存储和计算能力。DTN 的存储转发特性对卫星和飞行器的存储空间提出了新的要求，多网络互联对节点的计算能力也提出了挑战。

空间 DTN 的建立分为 3 个步骤：第一步是在深空通信网络、近地卫星网络等网络内部构建 DTN 体系结构，为网络内部多种空间任务提供数据交互支持；第二步是以 DTN 网关为连接点，连通地面、空间的多个网络，可实现网络与网络间、设备与不同网络间、不同网络中的设备与设备间的交互通信，提供灵活高效的空间任务执行能力；第三步是利用互联网络实现空间资源的智能自主化统筹和优化。成熟的空间 DTN 具备以下特性。

（1）即使面对超远距离和星体自传引起的频繁链路中断，导致部分数据丢失、损坏，依旧可以实现端到端的可靠通信。

（2）飞行器、探测器、卫星等空间设备均可以在应急任务或突发情况下缓存关键数据，等待通信链路的稳定并优先传输，以保证准确性和时效性。

（3）在有设备损坏或断开连接的情况下，可以根据网络资源情况自主搜寻到最优路径，保证任务的连续执行。

（4）在网络中，空间设备产生的大量数据能自动在轨处理，缓解内存和通信链路压力。

（5）自主化、智能化整合和优化网络资源，统筹安排多类型空间任务的有序高效执行。

图 2-12 所示为未来空间 DTN 的构想，它适用于所有的空间网络环境，为复杂多样的空间任务建立自主一体化通信网络描绘了蓝图。但是，DTN 的各项技术还不成熟，距离商用还存在一定的距离。

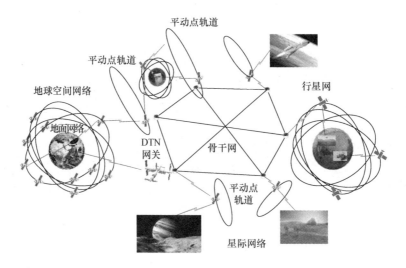

图 2-12　未来空间 DTN 的构想

2.2.1　空间 DTN 体系结构

空间 DTN 体系结构在物理环境上类似于 IPN，是一个将各种轨道飞行器、探测器、登陆车、卫星及其他空间设备连接起来的互联网络，主要包括如下 5 种子网。

1. 地面基站网络

由地面卫星基站组成的通信网络，负责所有空间设备回传数据的可靠接收和高速转发，同时分发任务，为设备正常运行和突发情况提供地面干预能力。随着卫星数量的激增和卫星能力的提升，地面基站在选址、功能和标准化方面都需要进行全方位的优化，目前国内外地面基站网络情况如下。

（1）美国民用遥感卫星接收站网主要包括美国地质勘探局、国家海洋和大气管理局、国家航空航天局的接收站网。美国地质勘探局接收站网由其下属的地球资源观测和科学数据中心（Earth Resources Observation and Science Center，EROS）运行管理，EROS 通过复杂的计算机系统将美国地质勘探局的接收站统筹管理起来，可进行遥测和数据接收。对于环境卫星数据接收，美国国家海洋和大气管理局建有自己的接收站网，负责接收

"静止业务气象卫星"和"极轨环境卫星"数据，以及 Suomi NPP、"贾森-2"、"国防气象卫星"、"电离层和气候星座观测系统"和"深空气候观测台"等卫星数据。该站网由美国国家海洋和大气管理局下属的国家环境卫星数据信息服务中心（NESDIS）负责运营管理，由 5 个地面站组成。

（2）欧洲航天局接收站网由下属的欧洲航天研究所（European Space Research Institute，ESRIN）负责管理操作和使用，ESRIN 接收站主要分布在欧洲和加拿大，由 14 个接收站组成，接收的卫星包括"欧洲遥感卫星-2"（ERS-2）、"环境卫星"（Envisat）、"星上自主项目"（Proba）、"土壤湿度和海洋盐度"（SMOS）、"重力场和海洋环流探测卫星"（GOCE）和"冷星"（CryoSat）[64]等。欧洲航天局对自有接收站和合作接收站进行了统筹管理，通过提高接收站之间的协调性，实现"数据只需采集一次"的目标，因而极大地降低了管理、处理和分发成本。

（3）日本实行寓军于民的航天政策，遥感卫星接收站由宇宙航空研究开发机构管理，运营由宇宙航空研究开发机构下属的对地观测研究中心（Earth Observation Centre，EOC）管理，具体负责遥感卫星数据的接收、处理。

（4）印度遥感卫星接收站由印度空间研究组织下属的国家遥感中心（National Remote Sensing Centre，NRSC）负责管理，NRSC 总部位于印度 Hyderabad，其管理的站主要是印度 Shadngar 的 IMGEOS 站和南极的巴蒂站。

（5）中国历经三十余年的砥砺建设，地面站已经形成了陆地观测卫星和空间科学卫星数据接收站网，规模体量和卫星任务接收数量均位居世界民用卫星地面站的前列，运行调度系统、数据传输系统、数据处理系统、数据管理系统、数据检索与服务系统、数据深加工系统等在北京总部协同运行，负责调度卫星任务，汇聚接收的卫星数据，进行卫星数据的归档、处理、共享和分发，提供各类遥感卫星数据服务。密云、喀什、三亚、昆明、北极站形成的接收站网，能够覆盖中国全部领土和亚洲 70% 的陆地区域，并初步具备了全球数据的快速获取能力。地面站通过多年的自主 研发、协调合作和技术创新，成为目前中国卫星地面接收系统中兼容和扩展能力最强的卫星数据地面接收系统之一，总体指标达到国际先进水平，部分指标达到国际领先水平。

2. 地球空间网络

地球空间网络包括全部环地球卫星，是一个低轨、中轨到高轨的多层次网络，承载卫星数量庞大，主要承担对地观测、导航定位和全球无缝互联等任务，同时还能作为深空通信的中转节点。

SpaceX 最初计划发射 12000 颗星链卫星，现今已发射的在轨星链卫星已成为全球最大的商业卫星星座，这些星链卫星将首先部署在 290 千米的轨道高度，之后再利用它们搭载的推进器将轨道高度提升到 550 千米，并开始提供网络服务。OneWeb 公司是星链计划的重要竞争对手。OneWeb 希望通过部署近地轨道卫星，让网络覆盖全球每一个角落、每一个人。与其他同类项目相比，OneWeb 在北极地区的网络部署领先一步，且网络容量是其他项目的200 倍以上。2021 年，OneWeb 将为整个北极圈内所有地区提供全天 24 小时的网络覆盖。亚马逊的太空互联网计划名为"柯伊伯项目"。这个项目计划把3236 颗卫星发射入轨，并为全球提供低时延、高速率的太空互联网服务。加拿大通信卫星公司 Telesat 已有几十年的历史，目前是世界上最大、最成功的全球卫星运营商之一。Telesat 计划发射的卫星进入距离地面 1000 千米以内的近地轨道，预计发射 298 颗卫星来组成覆盖加拿大及全球的星座。该项目开始运行后，可使用户享受至少 50Mbps 的网络下载速率。截至目前，我国最大的两期卫星互联网工程为中国航天科技和中国航天科工两大央企主导的"鸿雁星座"和"虹云工程"，前者的目标为国内首套宽窄带结合的全球低轨卫星移动通信与空间互联网系统，后者则致力于满足单颗卫星 4Gbps 的高速接入需求。

3. 空间骨干网络

空间骨干网络是太空信息交互的主体，主要由空间站、平动点中继卫星等组成，为不同的空间网络提供互联的基础设施。

利用平动点和空间站是实现超远空间互联的方法之一，如今已经存在多个这样的中继卫星。欧洲航天局于 2010 年开展的"阿蒂米斯"任务，成功将两颗探测器部署于地月系 L1 和 L2 平动点轨道，但没有进行中继通信与导航应用。我国于 2018 年实施了"嫦娥四号"探测任务，利用地月系 L2 点 Halo 轨道的"鹊桥号"卫星实现探测任务的中继通信，成为世界上第一颗进入地月系 Halo 轨道进行中继通信的卫星。国际空间站（International Space Station，ISS）作为目前在轨运行最大的空间平台，主要由美国国家航空航天局（NASA）、俄罗斯联邦航天局（ROSCOSMOS）、加拿大航天局（CSA）、欧洲航天局（ESA）、日本宇宙航空研究开发机构（JAXA）等共同运营[65]。2022 年 12 月，中国空间站全面建成，建成后的中国空间站包括天和核心舱、梦天实验舱、问天实验舱、载人飞船（即已经命名的"神舟"号飞船）和货运飞船（"天舟"飞船）五个模块，总质量可达 180 吨，装载着空间生命和生物科学、材料科学、燃料和微重力流体科学、基础物理等领域的大量先进实验装置。

4. 星际网络

星际网络包含在太空中飞行的空间飞行器、探测器等设备，它们在飞行过程中通过与不同的子网之间互联，实现信息传输，或者利用与地球的直接通信完成任务。

一直以来，人类的飞行器都在向更遥远的空间探索，在深空通信网络中已经对以往的空间探索设备进行了分析。

5. 行星网络

行星网络由两层组成，第一层是环行星网络，包含轨道卫星和高空悬浮器等中继节点，为行星表面网络提供与空间骨干网的连通服务。第二层是行星表面网络，主要为着陆器、探测车、传感器等运行于行星表面的设备提供通信链路。

不同于星际网络，行星网络类似于地球空间网络，主要目的是为行星探测提供连续、可靠的通信环境，保障任务的顺利执行。行星网络更加多样化，数据量也更大，现在已经在月球和火星上初步建立起了相应的行星网络。

在物理环境上构建的空间 DTN 体系结构，需要借助 DTN 体系结构的通信能力实现实际意义上的互联。不同子网络的内部协议会充分适应现有的网络环境，实现网络内信息传输与可靠性保障。而异构网络之间利用 DTN 网关节点相连，设计与子网络匹配的汇聚层，利用束层的信息通用格式实现端到端通信，而且包含了 DTN 体系结构的全部功能和特性。图 2-13 所示为根据物理环境构建出的空间 DTN 的基本体系结构。

在网络中，BP 层被布置在所有空间设备上，实现网络间的信息交互。

（1）对地面基站网络来说，设备质量和体积均不受限，网络计算能力和存储能力充足且能够保持持续连接，传输速率高，因此，网络内部采用 TCP/IP 来提供更好的网络内部性能。在传输层以上加入 BP 层，作为与其他空间子网络的连通手段。

（2）对地球空间网络来说，由于处于地球外层空间，通信环境受到空间复杂环境的影响，多跳传输链路同样会导致 TCP/IP 等地面协议产生严重的传输时延。为了保证端到端信息传输的高效和可靠，网络内部就需要使用 DTN 协议进行通信，利用保管传输能力克服多跳和空间环境的影响，因此，无须部署独立的 DTN 网关辅助与其他网络的互联。

（3）对空间骨干网络来说，节点分散于整个太空内，相互之间距离遥远，其作用极为重要，是多个子网络能够快速交互的中继节点，这些节点的部署避免了遥远的飞行器、探测器与地面设备的直接传输引起的高误码和高时延。因此，每个节点均为 DTN 网关。

（4）对星际网络来说，遥远的飞行器和探测器与地球的直线通信微弱甚至无法传递数据，大量的科学数据需要通过骨干网络网关中继回地球。而且，通信窗口极其有限，更加需要 DTN 的保管传输能力，因此，内部也采用 DTN 通信。

（5）对行星网络来说，行星表面网络距离较近，可以使用 TCP/IP 进行内部交互，与环行星网络之间的交互也可以运用同样的方式，但是环行星网络或者行星表面网络与其他异构子网之间需要借助 BP 层互联。

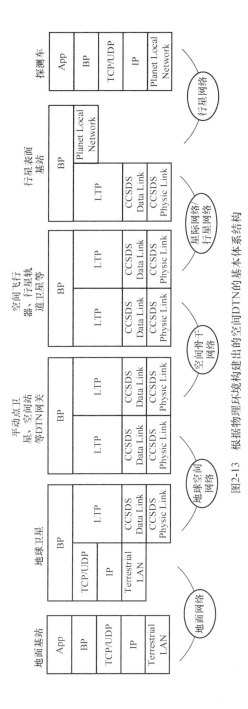

图2-13　根据物理环境构建出的空间DTN的基本体系结构

对于所有子网来说，子网内部可能采用 LTP、TCP 或 UDP 作为传输层，数据链路层和物理层采用 CCSDS 定义的相关协议，子网之间必须运用 DTN 网关互联。与 DTN 体系结构一样，空间 DTN 中 BP 和 LTP 是空间异构网络互联和可靠通信的核心。

庞大的网络规模和节点数量，让 DTN 的命名、寻址机制和动态拓扑路由协议成为构建体系结构的重要基础。在命名与寻址方面，DTN 采用 URI 命名网络中的端点和节点地址。为适应穿越异构网络的需求，DTN 采用延迟绑定的机制，根据路由算法计算到下一跳 DTN 节点后，根据当前节点和下一跳节点的连接方式，完成底层协议地址解析工作，直到传输到最后一个 DTN 节点前才执行目标节点的解析。空间网络内部和网络间的拓扑均是动态变化的，对于空间设备来说，任务规划是确定的、可预知的，适合具有较强确定性的路由方法。

2.2.2　空间 DTN 技术挑战

面对未来庞大而复杂的空间网络，现在的 DTN 技术不足以支撑空间 DTN 承担繁重且多样的任务，DTN 与空间网络的结合存在很多技术挑战。

1. 路由技术

传统网络中的路由协议及算法的基本前提是，在通信期间源节点和目的节点存在一条相对稳定的路径。但空间 DTN 的高动态拓扑无法满足这一条件，考虑到空间网络环境的多样性，实际可能需要多种路由机制混合使用。对于可预知的网络动态性，可以采用确定性路由；对于随机性的拓扑变化，可以采用基于拓扑发现的路由和随机性路由方式。在现有的路由知识的基础上，依旧有如下几个主要问题：①确定性路由，基于发现的路由和随机性路由在空间 DTN 中的混合工作方式；②面对当前链路长时间的中断和巨大的时延，路由技术如何保证数据的多跳高效传输；③需要标准化网络内的路由协议框架，使空间 DTN 内所有异构的底层网络互联。

2. 组播技术

对于未来庞大的空间 DTN，源信息被分发至多个目的节点将成为常态，组播服务支持一组用户的数据分发，有助于提升网络传输能力，更好地节约资源和提高通信效率，但空间链路的超远距离和频繁中断需要对组播进行新的定义，研究针对空间网络特性的可靠多播路由策略势在必行。

3. QoS 机制

现有的空间资源较为稀缺，难以实现大规模空间 DTN 的性能验证，需要开展基于模型的评价，对服务质量进行充分的测试和验证。典型的网络服务质量模型评价方法包括排队模型、马尔可夫过程模型、随机 Petri 网模型，但依然缺少一个标准化、统一化的评价体系。建立多维度、多任务、多场景下网络性能的评价体系框架是一个难题，也是帮助网络整体性能提升的关键。

4. 网络化拥塞控制机制

拥塞控制是互联网协议研究中的热点问题，在 DTN 中的研究相对困难，特别是面对空间网络。第一，链路中断后在未来一段时间可能无法重建，数据不断积压；第二，除非发生极端情况或者数据保存超时，否则，保管的信息不会被丢弃；第三，空间网络为节点带来更多的中转信息，会加速长期内存的损耗。可以看出，拥塞的根本是每个节点和包裹操作采用保管传输方式，因而其基本控制方法是通过反向网络传播以调整流量。如何联合主动和被动管理两种方式，适应网络特性，设计性能更优、损耗更低的拥塞控制机制有待进一步研究。

5. 网络调度和缓存管理策略

空间 DTN 是高动态性的，经常处于中断连接状态，现有 IP 网络的调度和缓存管理策略将不再适用，需要根据网络特性设计新的更加复杂的调度机制和缓存管理策略，特别是对于多用户的情况，以便有效降低丢包率，提高服务质量。

6. 高效传输策略与评价机制

DTN 的保管传输策略虽然保障了复杂空间环境下数据的可靠传输，但从资源利用的角度来说，该策略成为快速端到端传输的障碍，特别是对于链路繁杂的空间网络。如何针对不同的子网络，利用不同网络互联特性，设计实用高效的协议和算法、提升高速传输能力、是亟待解决的问题。同时，在没有任何业务流模式消息的情况下，如何评价提出的 DTN 传输策略和其性能的优劣，关系到设计策略的有效性，需要进一步研究。

7. 数据束分割问题

网络内和不同网络间的数据大小差异可能很大，如何约束 Bundle 尺寸，保证其在空间 DTN 内的自由传输是一个问题。特别对于典型监测任务的大块数据，在传递时提高可靠性和有效性是保证空间 DTN 正常运行的关键。在传输过程中，可能因为中断或者下一网络的尺寸限制，数据束无法被完整传输，需要对其进行分割。现在的前瞻式和反应式分割方式多针对点对点链路，在更复杂的网络拓扑下的数据束分割算法需要进一步研究。

8. 安全机制

DTN 体系结构的安全模型与传统的网络安全模型有很大的不同。DTN 安全模型主要由 4 部分组成：用户、DTN 路由器、DTN 区域网关和 DTN 证书认证。DTN 安全性机制尚未完善并缺乏评估，深空 DTN 安全技术的主要问题如下：数据束分段的交互和密码机制的应用受限问题；密钥管理问题；DTN 中逐跳安全机制问题。DTN 的应用背景决定了它所传输消息的重要性。设计可靠的认证机制和设计保证转发节点可信性的安全机制，将有助于 DTN 中消息传输的保密性、高效性。当前 DTN 安全中另一个主要的开放性问题是对密钥的管理缺少容迟的方法。

2.3 时变图

由于分布式路由可以克服网络动态拓扑对数据传输的影响，因此被广泛应用于动态环境中，如 DTN、D2D（Device-to-Device）网络。然而，分布式路由需要网络中节点频繁交互，且不具有全局最优性，因此，为了克服网络动态性对路由策略设计带来的影响，基于时变图（Time-Variant Graph）模型的路由策略研究工作相继展开，例如，利用时变图模型对网络的动态拓扑结构进行建模、利用完备的时变图理论知识进行动态网络下最优路由策略的设计[67]。

2.3.1　时变图的基本概念

图理论一直都是网络模型求解的基础工具，在地面静态网络发展的基础上，动态网络图理论的研究也在日益完善。在 LEO 星座网络中，星间链路或星地链路间的明显相对运动形成了网络的时变拓扑结构，节点之间的连接状态随时间不断演变，导致其链路呈现周期性中断。为了能够更好地捕获卫星网络的拓扑变化，时变图模型被广泛用于卫星网络拓扑建模[66]。时变图模型是一种用于表示时变网络资源及其关系的数学方式，也是解决动态网络问题的理论基础。时变图模型按照研究的拓扑结构是否可知，可以分为确知时变网络图模型和随机时变网络图模型，现在主要的设计都是基于提前可知的拓扑网络结构而设计的确知时变网络图模型，适用于随机时变网络的模型尚不多见。传统静态图仅表征了链路资源及节点的连接关系，时变图则增加了对节点存储资源、链路资源、节点连接关系等时变特征的联合刻画。当前，时变图模型可以分为两大类：离散时间的时变图模型和连续时间的时变图模型。离散时间的时变图模型将连续的时间范围划分为若干个时隙，每个时隙内存在一个相对静止的网络拓扑。因此，离散时间的时变图模型是从静态图演变而来的，并且先后经历了拓扑快照图、时间扩展图、时间聚合图、存储时间聚合图的发展历程。然而，将连续时间进行离散化处理，会导致网络时变特性的模糊化，划分时隙的大小及时隙的数量都将影响时变资源刻画的精准度，以及相应求解算法的复杂度。连续时间的时变图模型，则将链路或节点的时变特性利用时间函数来表示[67]。

1. 快照图

拓扑快照[68]的主要思想是将动态网络拓扑的连续变化利用多个离散的静态拓扑图记录下来，每个静态图成为一个拓扑快照。多个拓扑快照按时间排序就可以表现出链路间的通断关系随时间的变化，即拓扑快照记录了动态网络各个节点间链路随时间变化的所有形态[66]。快照图的优点是时变拓扑在时间维度上进行离散化，每个快照子图均为静态图，传统图理论的算法均可以应用在快照图当中，例如，图的邻接矩阵表示方法、广度优先搜索、深度优先搜索、连通图、Dijkstra 算法、最小生成树 Prim 算法、Kruskal 算法、Sollin 算法等。但是快照图的缺点也十分明显，其割裂了快照之间的联系，无法表征存储—托管—转发机制，导致资源浪费。快照图的快照子图数量与时间长度成正比，存储开销大；基于快照图的路由算法在所有的快照子图内重复寻找，路由算法效率低[69]。此外，由于卫星网络的断续连接特性，在一幅快照子图中可能没有端到端的路径，这样就给分析卫星网络拓扑造成了极大的困难。

2. 时间扩展图

基于快照图的种种缺点，需要提出一类能够在时间维度上描述拓扑联系的图模型，称为时间扩展图（Time-Expanded Graph）。传统图模型只在某个静止时刻显示点的空间联系，而时间扩展图在空间联系的基础上，将每个离散的时间段内的快照子图的对应节点用存储链路相连接，可以表征存储—托管—转发机制。时间扩展图的优势在于将割裂的快照图联系起来，增加对于时变资源的表征，表征精准度高；它的缺点是当网络规模较大、拓扑快速变化时，时间扩展图缓存需求较大[70]。由于时间扩展图需要创建节点副本，同时，时间的离散间隔决定了图模型的描述精度，因此，当快照子图较多、网络规模较大时，时间扩展图占用的存储空间大，路由计算复杂度高[66][71]。此外，时间扩展图很有可能导致传统基于静态图理论的算法不能直接作用在时间扩展图上，需要依据特殊的场景做出合理的变形。

3. 时空图/空时图

为刻画动态网络的拓扑变化，时空图（Space-Time Graph）采取的思想类似于数学上的微积分，利用足够小的时间间隔对所关注的时间区间进行离散。在这个时间间隔内，时变网络的拓扑被视为稳定的（实际上离散间隔代表网络维持稳定的最小时间段）[72]。由于卫星网络的高动态特性，适用于地面网络的静态图建模方式显然不再适用于卫星网络，因为这样很难捕捉到连续变化的动态网络拓扑信息。目前，大多数文献采用时变图的建模方法。基于时空图的变形跨时隙有向图等。时空图的优点是连通了不同时刻快照子图之间的链路连接信息，缺点是不同子图之间的联系依赖于对子图的时隙划分精度，如果时隙划分过于精细则会导致大量的重复子图，增加大数据的存储负担，也为各种图理论的分析、路由算法的查找、缓存策略的设计带来一定的困难。

4. 事件驱动图

不同于时空图对时间维度的离散化处理，事件驱动图（Event-Driven Graph）[72-74]注重网络中的事件。在事件驱动图中主要包括两类事件：发送事件（Sending Event）和接收事件（Receiving Event）。事件驱动图以二元变量 (v_i,t) 表示时变网络中的节点，称为事件节点（Event-Node），其表示了在不同时刻 t 时变网络节点 v_i 的状态。若在 t 时刻存在节点 v_i 与 v_j 的（单向）连接，则称 v_i、v_j 分别与发送事件和接收事件关联。此时，可以在事件驱动图中添加连接事件节点 (v_i,t) 与 (v_j,t) 的有向边，称此类边为点间链路（Inter-Edge）。类似于时空图中的空间链路，点间链路主要用于描述数据的转发[72]。事件驱动图和时空图这类时间扩展图的缺点一样，随着网络规模或给定时间范围的增加，导致该类图模型存储量大且相关路由算法求解复杂度高。

5. 时间聚合图

时间聚合图（Time-Aggregated Graph）[73]将快照图聚合到一起，用链路权重序列表征链路的不同时段的权重。例如，当权重为链路容量时，链路权重序列即为表征不同时段的链路容量。时间聚合图模型无须节点复制，模型存储量小效率高，通过资源的聚合表征，降低图模型的存储复杂度，但是缺乏对存储资源的刻画，图模型表征精度低；一次路由计算可计算出时间扩展图中的多条路径，路由算法复杂度低。由于缺乏分时段链路与缓存之间制约关系的表征，时间聚合图无法求解网络最大流，原因在于该模型的精准度低[69]。

6. 存储时间聚合图

目前的时变图模型可用于路由计算、网络吞吐量求解及网络多维资源规划，但是，现有时变图理论仅利用静态图、快照图、时间扩展图及时间聚合图进行时变网络分析与求解，因为图模型的高存储复杂度与低精准度，导致相应算法求解复杂或无法得到全局最优解，文献[74]提出存储时间聚合图（Storage-Time-Aggregated Graph）模型，在时间聚合图的节点上增加节点存储资源转移时间序列，设计了存储资源转移关系，精确表征了分时段链路之间的制约关系，获取了时变网络最大流，存储时间聚合图模型的精准度和高效性均优于上述图模型[69]。但是针对存储时间聚合图的高效求解算法的设计才刚刚起步，适用于时变网络规划、多播、稳健性设计的时变图模型不完善或缺失，适用于随机时变网络的模型也缺失。

7. 时变连续图

天地一体化网络是一个典型的时变网络，同时由于卫星周期性的绕轨运动，网络拓扑变化、链路容量、卫星节点的缓存大小及运动周期等特性均具有可预测性。前面所述的图模型都是基于时间离散化进行分析得到的时变图，而离散时间模型的精度受限于时间离散的精度，同时还影响数据的存储空间大小、计算的复杂度等一系列问题。基于此，考虑连续时间情况下的图模型在时变网络中具有更加广阔的研究前景。文献[70]提出将天地一体化网络中的所有物理实体（如卫星、空间飞行器、地面站等）均描述为节点，而物理实体之间（如卫星与卫星之间、卫星与地面站之间）的连通机会等均描述为相应的链路。同时，将时变的链路带宽及连通机会按时间顺序刻画在对应的链路上，并将节点的存储能力也表征在节点处，基于此构建出连续时间的时变图模型和时变连续图（Time-varying Continuous Graph）。

2.3.2　时变图在空间通信中的应用

时间确定性网络是一类重要的 DTN 类型，在多跳网络领域，时间确定性网络组网技术尚处于研究进程中，通过调度网络资源与业务保障业务的时延。时间确定性网络的设计挑战主要在于：①资源共享与时间确定性相矛盾；②资源表征无时间属性，确定性路由难构建；③多维资源未关联，时变资源利用率低。一直以来，关于时间确定性网络的研究也在卫星测控网、车联网、工业互联网、无人机测控网、传感器网络等场景中不断进行着，而卫星网络又是空间信息组网的重要组成部分。在关于卫星网络的研究中，时变图的应用是必不可少的[66]。基于时变图在时间维度上的扩展，时变图具有多种应用。DTN 包括卫星网络、军事 Ad-Hoc 网络、传感器网络、车辆 Ad-Hoc 网络等。在空间通信中，由于空间通信设备的不断运动，导致网络拓扑结构不断发生改变，而时变图则可以连通动态网络拓扑的时间和空间特性，基于不同的网络性能优化指标（如通信时延、网络吞吐量、通信可靠性等）进行路由缓存算法的优化。例如，文献[75]中用一种基于时空图的跨时隙有向图分析 LEO 卫星网络中的缓存分发问题。文献[76]提出了一种拓扑驱动的更新离散图，通过使用定制的边容量来限制给定交付任务下 TEDD 的下界并给出路由方案。文献[77]用一个设计良好的时空图来描述具有相同数据量的交通事件的概率到达模型，提出了给定时延要求下的最小代价路由算法。文献[78]用时空图模型设计了一种最小成本约束的多路径路由算法，通过该算法找到的路径，一定数量的任务数据可以在可容忍的时延内以最小成本传输回地面站。文献[79]建立了一个基于事件驱动图的具有时间约束的最小费用流模型，该模型可以有效地描述地球观测星座的时变拓扑结构。文献[80]利用时空图模型，提出了一种时间演化的连通支配集（TCDS）算法，以构建一个主干网络，实现高效的拓扑控制，并具有 3 层网络的高时空可达性。文献[81]提出了一种新的事件更新图（EUG），用于捕获时域中的细粒度拓扑信息，在此基础上构造了一个最小时间演化覆盖集（MTCS），用于设计具有适当中间节点的网络缓存机制。文献[82]研究了无向时变网络中连续时间主体的平均一致性问题，并允许断开网络连接，提出了无限积分连通性的概念。

时变图在空间通信中具有多种多样的应用，主要还是依赖于其独有的连接时间和空间的表述特性，但不同类型的时变图在存储、计算等方面存在差异，因此，需要针对不同的场景选用相应类型的时变图。文献[83]提出了一种基于改进的时间扩展图的近似算法，以在完成多播传输的同时最小化能量消耗。文献[84]讨论了具有不完全数据和噪声通信链路的时变图上分布式一致性跟踪问题，通过将分布式卡尔曼滤波与一致性更新相结合，来处理时变网络拓扑。文献[85]研究了航天器网络中的拓扑控制问题，将时变航天器网络拓扑形式化为有向时空图。与现有的大多数静态图模型相比，研究所提出的模型包含了时间和空间拓扑信息，为了捕捉实际网络的特征，其将时空图模型中的链路按成本、效率和不可靠性进行加权。文献[86]研究了具有噪声通信链路的时变图上分布式一致性跟踪问题，所提出的算法中每个节点可以生成自己的局部跟踪估计，并在噪声链路上进行通信。

参考文献

[1] 王俊峰，孙富春，李磊. 空间信息网络组网技术[M]. 北京：科学出版社，2014.

[2] 胡源，姜会林，丁莹，等. 天地一体化信息网络国外发展现状与趋势[C]// 第二十八届全国通信与信息技术学术年会论文集. 2013：49-53.

[3] ZHANG Y, ZHUO Y, WANG J, et al. A power reduction method for pilot channel of LEO satellite based on dynamic compensation[J]. China Communications, 2017, 14(3): 55-65.

[4] ETSI Technical specification. GEO-Mobile Radio Interface Specifications: Network Architecture[S]. ETSI TS101377-03-2, GMR-2 03.002, 1999.

[5]　LIU X, LIU W, LIU C, et al. The analysis of BER and SNR based on high altitude platform station in wireless communication network[C]// International Conference on Communication and Electronic Information Engineering, 2017: 744-750.

[6]　胡永云，丁峰，夏炎. 全球变化条件下的平流层大气长期变化趋势[J]. 地球科学进展，2009，24(3)：242-251.

[7]　GAUDENZI R D, GARDE T, GIANNETTI F, et al. A performance comparison of orthogonal code division multiple-access techniques for mobile satellite communications[J]. IEEE Journal on Selected Areas in Communications, 1995, 13(2): 325-332.

[8]　ISLAM M R, RAHMAN M A, ANWAR F, et al. Performance investigation of earth-to-satellite microwave link due to rain fade in bangladesh[C]// International Conference on Computer and Information Technology, December 24-27, 2008, Khulna, Bangladesh. New York: IEEE, 2008: 773-778.

[9]　李德仁，沈欣，龚健雅，等. 论我国空间信息网络的构建[J]. 武汉大学学报（信息科学版），2015，40(6)：711-715.

[11]　PINO R. transformational satellite communications system[J]. AIAA Journal, 2013.

[10]　PTASINSKI J N, CONGTANG Y. The automated digital network system (ADNS) interface to transformational satellite communications system (TSAT) [C]// Military Communications Conference, October 29-31, 2007, Orlando, FL, USA. New York: IEEE, 2007:1-5.

[12]　张军. 面向未来的空天地一体化网络技术[J]. 国际航空，2008，9：34-37.

[13]　GUO Z, MALAKOOTI B, BHASIN K, et al. Design of accurate and efficient network emulation systems with application to inter-planetary networks[C]// IEEE International Conference on Networking, Sensing and Control, April 23-25, 2006, Lauderdale, FL, USA. New York: IEEE, 2006: 895-900.

[14]　BHASIN K, HAYDEN J. Developing architectures and technologies for an evolvable NASA space communication infrastructure[C]// The 22nd AIAA International Communications Satellite Systems Conference, Monterey, CA, 2004.

[15] DOWNEY J, MORTENSEN D, EVANS M, et al. Adaptive coding and modulation experiment using NASA's space communication and navigation testbed[C]// 34th AIAA International Communications Satellite Systems Conference, 2016.

[16] 谢慧，孙杰. 多平台网络化接入拓扑管理设计与实现[J]. 现代导航，2016，7 （1）：51-54.

[17] ZHANG L L, WANG X W, HUANG M. A routing scheme for software-defined satellite network[C]// 2017 IEEE International Symposium on Parallel and Distributed Processing with Applications and 2017 IEEE International Conference on Ubiquitous Computing and Communications (ISPA/IUCC), December 12-15, 2017,Guangzhou, China. Los Alamitos: IEEE Computer Society, 2017: 24-31.

[18] FAIRHURST G, SATHIASEELAN A, CRUICKSHANK H, et al. Transport challenges facing a next-generation hybrid satellite internet[J]. International Journal of Satellite Communications and Networking, 2011.

[19] HU Y, LI V.O.K. Satellite-based internet: a tutorial[J]. IEEE Communications Magazine, 2001, 39(3): 154-162.

[20] SWEETING, MARTIN N. Modern small satellites-changing the economics of space[J]. Proceedings of the IEEE, 2018, 106(3): 343-361.

[21] YU Q, WANG J, BAI L. Architecture and critical technologies of space information networks[J]. Journal of Communications & Information Networks, 2016(3): 1-9.

[22] QU Z, ZHANG G, CAO H, et al. LEO satellite constellation for internet of things[J]. IEEE Access, 2017, 5: 18391-18401.

[23] XU L, ZHAO X, GUO L. An autonomous navigation study of walker constellation based on reference satellite and inter-satellite distance measurement[C]// Proceedings of 2014 IEEE Chinese Guidance, Navigation and Control Conference, August 08-10, 2014, Yantai, China. New York: IEEE, 2014: 2553-2557.

[24] FRAIRE J A, CESPEDES S, ACCETTURA N. Direct-To-Satellite IoT ——A Survey of the State of the Art and Future Research Perspectives Backhauling the IoT through LEO Satellites[C]// Proceedings of the 18th International Conference on Ad Hoc

Networks and Wireless, 2019: 241-258.

[25] LYNDON B. Apollo program summary report [R]. JSC-09423, 1975.

[26] COMPTON W D. Where no man has gone before: a history of Apollo lunar exploration missions[J]. NASA Special Publication, 1988.

[27] 伍晓京，张扬眉. 美国深空探测的战略规划及未来趋势研究（上）[J]. 国际太空，2015（11）:40-45.

[28] NASA. NASA Technology roadmaps introduction, crosscutting technologies and index [EB/OL].

[29] BURNS J O, KRING D A, HOPKINS J B, et al. A lunar L2-farside exploration and science mission concept with the orion multi-purpose crew vehicle and a teleoperated lander/rover[J]. Advances in Space Research, 2013, 52(2): 306-320.

[30] 熊明华，刘永喆，宋轶姝. 俄罗斯载人登月相关问题分析[J]. 国际太空，2016（8）: 47-55.

[31] 朱汪. 欧洲航天局月球着陆器概述及启示[J]. 航天器工程，2016，25（1）: 124-130.

[32] FISACKERLY R, PRADIER A, GARDINI B, et al. The ESA Lunar Lander Mission[C]// AIAA SPACE 2011 Conference & Exposition, 2011: 1072-1079.

[33] 管春磊，周鹏，强静. 国外载人登月发展趋势分析[J]. 国际太空，2009（4）: 22-28.

[34] 刘霞. NASA 选择 SpaceX 发射木卫二探测器[N]. 科技日报，2021.

[35] 于志坚，李海涛. 月球与行星探测测控系统建设与发展[J]. 深空探测学报，2022，8（6）: 543-554.

[36] GUO L, BIAN D, ZHANG G. Multipath transmission through cooperative network-coded in IPN internet based on linear block codes[J]. 2013 IEEE Third International Conference on Information Science and Technology (ICIST), March 23-25, 2013,Yangzhou, China. New York: IEEE, 2013: 1061-1066.

[37] 黄蕾，刘立祥. TCP-Westwood 针对卫星网的改进方案 [J]. 计算机工程，2007（8）: 103-105.

[38] AKYILDIZ I F, MORABITO G, PALAZZO S. TCP-peach: a new congestion control scheme for satellite IP networks[J]. IEEE/ACM Transactions on Networking, 2001, 9(3): 307-321.

[39] 依那，金野，梁庆林. 卫星链路 TCP 传输性能分析[J]. 真空电子技术，2003 (2)：25-28.

[40] AKAN O B, FANG J, AKYILDIZ I F. TP-planet: a reliable transport protocol for inter planetary internet[J]. IEEE Journal on Selected Areas in Communications, 2006, 22(2): 348-361.

[41] WANG R, HORAN S, TIAN B, et al. Optimal acknowledgment frequency over asymmetric space-internet links[J]. IEEE Transactions on Aerospace & Electronic Systems, 2006, 42(4): 1311-1322.

[42] 黄展，李陆，弥宪梅，等. 空间通信协议（SCPS）及其应用：现状、问题与展望 [J]. 电讯技术，2007，47（6）：7-11.

[43] RICH T M. A multi-center space data system prototype based on CCSDS standard[C]// IEEE Aerospace Conference, March 05-12, 2016, Big Sky, MT, USA. New York: IEEE, 2016: 1-6.

[44] CCSDS 710.0-G-0.4[S]. Space Communication Protocol Specification(SCPS): Rationale, Requirement and Application Notes.

[45] JIAO J, ZHANG Q, LI H. An optimal ARQ timer design of file delivery time in CFDP NAK model[C]// International Conference on Wireless Communications Networking & Mobile Computing, September 24-26, 2009, Beijing, China. New York: IEEE, 2009: 1-5.

[46] GAO J L, SEGUÍ J S. Performance evaluation of the CCSDS file delivery protocol latency and storage requirement[C]// IEEE Aerospace Conference, March 05-12, 2005, Big Sky, MT, USA. New York: IEEE, 2005: 1300-1312.

[47] DE COLA T, MARCHESE M. Performance analysis of data transfer protocols over space communications[J]. IEEE Transactions on Aerospace & Electronic Systems, 2005, 41(4): 1200-1223.

[48] BAEK W, LEE D C. Analysis of CGSDS file delivery protocol: immediate NAK

mode[J]. IEEE Transactions on Aerospace & Electronic Systems, 2005, 41(2): 503-524.

[49] JIAO J, ZHANG Q Y, LI H, et al. Expected file delivery time of prompt NAK mode in CCSDS file delivery protocol[J]. Journal of Astronautics, 2009, 30(1): 260-265.

[50] 焦健，张钦宇，李辉，等. CFDP 协议异步 NAK 型文件传输时延的研究[J]. 系统仿真学报，2009（14）：4409-4412.

[51] LEE D C, BAEK W, MEMBER S. Expected File-delivery Time of Deferred NAK ARQ in CCSDS File-delivery Protocol[J]. IEEE Transactions on Communications, 2004, 52(8): 1408-1416.

[52] 李旭，张钦宇，李晖，等. 深空通信中 CFDP 协议的四种可靠传输方式比较[C]. 中国宇航学会深空探测技术专业委员会第五届年会，2008.

[53] BURLEIGH S, HOOKE A, TORGERSON L, et al. Delay-tolerant networking: an approach to interplanetary internet[J]. IEEE Communications Magazine, 2003, 41(6): 128-136.

[54] SCOTT K, BURLEIGH S. Bundle protocol specification[J]. IRTF DTN Research Group, 2007.

[55] WOOD L, EDDY W M, IVANCIC W, et al. Saratoga: a Delay-tolerant networking convergence layer with efficient link utilization[C]// 2007 International Workshop on Satellite and Space Communications, September 13-14, 2007, Salzburg, Austria. New York: IEEE, 2007: 168-172.

[56] BURLEIGH S, RAMADAS M, et al. Licklider transmission protocol motivation [EB/OL]. IRTF DTN Research Group, 2008.

[57] RAMADAS M, BURLEIGH S, et al. Licklider transmission protocol specification [EB/OL]. IRTF DTN Research Group, 2008.

[58] MUHAMMAD F S, FRANCK L, FARRELL S. Transmission protocols for challenging networks: LTP and LTP-T[C]// 2007 International Workshop on Satellite and Space Communications, September 13-14, 2007, Salzburg, Austria. New York: IEEE, 2007: 145-149.

[59] ALBINI F L P, MUNARETTO A, FONSECA M. Delay tolerant transport protocol -

DTTP[C]// 2011 Global Information Infrastructure Symposium, August 04-06, 2011, Nang, Vietnam. New York: IEEE, 2011: 1-6.

[60] GU S S, JIAO J, YANG Z, et al. RCLTP: a rateless coding-based licklider transmission protocol in space delay/disrupt tolerant network[C]// 2013 International Conference on Wireless Communications & Signal Processing, October 24-26, 2013, Hangzhou, China. New York: IEEE, 2013:1-6.

[61] JIANG K F, LU H C. Packet size optimization in delay tolerant networks[C]// 2014 IEEE 11th Consumer Communications and Networking Conference, January 10-13, 2014, Vegas, NV, USA. New York: IEEE, 2014: 392-397.

[62] CCSDS. Space internetworking services area [EB/OL]. 2013.

[63] CERF V. Interplanetary internet (IPN). Architectural definition [EB/OL]. 2013.

[64] 陈塞崎，王东伟. 国外遥感卫星接收站布局及建设管理研究（上）[J]. 中国航天，2017（6）：13-17.

[65] NASA. 20 Years on the international space station[EB/OL]. 2021.

[66] 李悦. 基于时变图模型的卫星网络数据分发策略优化研究[D]. 黑龙江：哈尔滨工业大学，2018.

[67] 李红艳. 基于时变图的天地一体化网络时间确定性路由算法与协议[J]. 通信学报，2020，41（10）：116-129.

[68] QI W, SONG Q, WANG X, et al. Trajectory data mining-based routing in DTN-enabled vehicular ad hoc networks[J]. IEEE Access, 2017, 5: 24128-24138.

[69] 陈诚. 基于时变图的 DTN 网络路由算法研究[D]. 西安：西安电子科技大学，2018.

[70] 张靖乾. 时变网络弹性路由算法研究[D]. 西安：西安电子科技大学，2021.

[71] WANG P, ZHANG X, ZHANG S, et al. Time-expanded graph-based resource allocation over the satellite networks[J]. IEEE Wireless Communications Letters, 2019, 8(2): 360-363.

[72] 江福. 面向空间 DTN 高动态链路的传输策略优化研究[D]. 黑龙江：哈尔滨工业大学，2016.

[73] GEORGE B, KIM S, SHEKHAR S. Spatio-temporal network databases and routing algorithms: a summary of results[C]// Advances in Spatial and Temporal Databases, July 16-18, 2007, Boston, MA, USA. Berlin: Springer, 2007: 460-477.

[74] LI H, ZHANG T, ZHANG Y, et al. A maximum flow algorithm based on storage time aggregated graph for delay-tolerant networks[J]. Ad Hoc Networks, 2017.

[75] LI Y, ZHANG Q, YUAN P, et al. A back-tracing partition based on-path caching distribution strategy over integrated LEO satellite and terrestrial networks[C]// 2018 10th International Conference on Wireless Communications and Signal Processing, October 18-20, 2018, Hangzhou, China. New York: IEEE, 2018:1-6.

[76] YUAN P, YANG Z, ZHANG Q, et al. A minimum task-based end-to-end delivery delay routing strategy with updated discrete graph for satellite disruption-tolerant networks[C]// IEEE, 2018 IEEE/CIC International Conference on Communications in China (ICCC), August 16-18, 2019, Beijing, China. New York: IEEE, 2018: 293-297.

[77] SHI C, YUAN P, YANG Z. A space-time graph based minimum cost routing Algorithm for the random traffic in the satellite network[C]// 2018 10th International Conference on Wireless Communications and Signal Processing, October 18-20, 2018, Hangzhou, China. New York: IEEE, 2018:1-6.

[78] JIANG F, ZHANG Q, YANG Z, et al. A space–time graph based multipath routing in disruption-tolerant earth-observing satellite networks[J]. IEEE Transactions on Aerospace and Electronic Systems, 2019, 55(5): 2592-2603.

[79] YUAN P, YANG Z, LI Y, et al. An event-driven graph-based min-cost delivery algorithm in earth observation DTN networks[C]// 2015 International Conference on Wireless Communications & Signal Processing, October 15-17, 2015, Nanjing, China. New York: IEEE, 2015:1-6.

[80] LI Y, WANG Y, ZHANG Q, et al. A time-relevant graph based topology control in triple-layer satellite networks[J]. IEEE Wireless Communications Letters, 2020, 9(3): 424-428.

[81] YANG Z, LI Y, YUAN P, et al. A novel file distribution strategy in integrated LEO

satellite-terrestrial networks[J]. IEEE Transactions on Vehicular Technology, 2020, 69(5): 5426-5441.

[82] CAO L, ZHENG Y, ZHOU Q. A necessary and sufficient condition for consensus of continuous-time agents over undirected time-varying networks[J]. IEEE Transactions on Automatic Control, 2011, 56(8): 1915-1920.

[83] SHI K, LI H, WANG P, et al. An energy efficient multicast algorithm for temporal networks[C]// International Conference on Wireless and Satellite Systems: Wireless and Satellite Systems, 2019: 348-355.

[84] JAYAWEERA S K, RUAN Y, ERWIN R S. Distributed tracking with consensus on noisy time-varying graphs with incomplete data[C]// 2010 IEEE 10th International Conference on Signal Processing Proceedings, October 24-28, 2010, Beijing, China. New York: IEEE, 2010: 2584-2587.

[85] ZHANG W, MA H, WU T, et al. Efficient topology control for time-varying spacecraft networks with unreliable links[J]. International Journal of Distributed Sensor Networks, 2019, 15(9): 1-18.

[86] CHENG C, EMIROV N, SUN Q. Preconditioned Gradient Descent Algorithm for Inverse Filtering on Spatially Distributed Networks[J]. IEEE Signal Processing Letters, 2020, 27: 1834-1838.

第 3 章

空间 DTN 路由与传输策略

文献[1]首次提出 DTN 的概念。DTN 协议接触图路由（Contact Graph Routing，CGR）的方式实现路由策略，进行数据的保管和转发。DTN 协议体系提出得较晚，可以兼容空间 IP 和 CCSDS 的部分协议。DTN 协议体系主要包括 BP[2]、Saratoga 协议[3]等。

DTN 通过引入覆盖层的概念将底层协议互不相同的网络互联，并将协议打包成 Bundle 的形式，以一种异步通信方式进行传输。为了在间断性频繁的网络中保障数据可靠传输，DTN 采取存储—转发模式，Bundle 在节点中存放于永久存储设备中，直到下一次传输机会到来时发送。DTN 在应用层之下提供了覆盖层 BP，得以屏蔽因为物理环境不同而差异化的底层协议，实现灵活的去中心化异构组网[4]。

目前，DTN 路由的研究已经在多个方向取得突破。文献[5]针对 DTN 路由算法缺乏对资源受限的特殊网络环境的考虑，提出了一种基于优化控制信息生成方法的资源受限 DTN 路由策略（Resource-Constrained DTN Routing Policy，RC-RP）。文献[6]提出了一种 DTN 路由算法，该算法使用名为"社区"和"中心性"的参数来控制每个终端中的消息转发，与流行路由算法相比，文献[6]的路由算法减少了 86%的冗余消息，同时不影响移动终端之间的消息传递质量。文献[7]提出了新的 DTN 流量预测语义模型，并设计了基于流量预测的路由算法，提出了一个在 DTN 中评估这些算法的框架，目的是了解流量预测的可用性如何影响路由性能，并指导 DTN 路由协议的设计。文献[8]针对没有端到端连接的情况提出了一种 DTN 消息优先级路由协议，该协议能够比现有 DTN 协议提供更多的消息，具有更低的开销比和更低的时延。文献[9]提出了命名数据距离路由（Named Data based Distance Routing，NDDR），这是一种基于命名数据的 DTN 路由方法，它根据拓扑距离信息对命名数据进行路由决策，这有助于减少路由的开销。文献[10]提出了一种可扩展的 DTN 路由协议，该协议可以在大规模节点广泛分布且节点间存在间歇性连接的情况下运行。文献[11]总结并提出了深空通信的 DTN 模型，根据其特点设计了一种新的深空 DTN 自适应路由协议，新的路由协议可以更好地工作在长时延和间歇性网络环境中。文献[12]主要研究 DTN 中路由和缓冲区效率之间的关系和相互作用，实现了一种"流行病"路由的变体，称为环绕路由。这种路由因为缓冲区空间得到了有效利用而比"传染病"路由性能更好。文献[13]总结了现有 DTN 路由算法，并对其进行分类。该文献研究了 DTN 路由协议的消息复制与个体或群体通信语义之间的关系，提出了基于社交和机会行为的消息转发技术。此外，还总结了 DTN 中的数据传播协议，这些协议可以适应以内容为中心的网络领域。文献[14]总结了 DTN 中的社会属性，并对近年来基于社交的 DTN 路由方法进行了总结。为了提高路由性能，这些方法利用积极的社会特征如社区和社交来协助消息的转发。文献[15]描述了一种基于 RDTN〔一种用 Ruby 语言编写的 DTN 捆绑协议代理（Bundle Protocol Agent，BPA）实现〕开发和评估容错网络协议和应用程序的新方法。RDTN 重量轻且灵活，因此可用于 DTN 应用和协议开发，以及 DTN 路由或汇聚层研究。文献[16]提出了一种基于时间表的机会 DTN 路由算法，该算法结合了有限的消息副本和动态的消息分发机制。首先，抽象出一个基于时间表的聚合与扩散（Mobility Model named Timetable based Aggregation and Spread，ASMM）移动模型，该模型既能反映车辆在军事任务中典型移动行为的完整性，又能反映每个车辆的特性。然后，根据预设时间表中包含的时间和协调信息，可以预测不同节点组的相遇机会。文献[17]提出了一种基于实用工具的车载自组网 DTN 路由协议，通过考虑节点距离、节点速度、节点方向角和节点活动，定义并计算节点效用，选择转发消息的节点。

3.1　空间 DTN 的拓扑模型

在 LEO 星座网络中，星间链路或星地链路的明显相对运动形成了网络的时变拓扑结构，节点之间的连接状态随时间不断演变，导致其链路呈现周期性中断的特点。为了能够更好地捕获卫星网络的拓扑变换，时变图模型被广泛用于卫星网络拓扑建模。在卫星网络中，网络拓扑和链路均是动态的，对于卫星网络而言，寻找最佳路径面临着链路频率中断和链路状态变化的问题，传统的静态图拓扑模型并不能满足空间 DTN 的分析，因此，需要引入时变图模型来分析空间 DTN 拓扑[4]。

LEO 星座凭借覆盖范围广、设备成本不断降低、不受地理环境因素影响等优势，引起了人们的广泛关注。然而，卫星网络固有的缺陷使传输分发策略设计在满足用户 QoS 要求时面临更严苛的挑战。LEO 卫星网络的特点如下。

（1）不同于地面网络的静态拓扑结构，在卫星网络中，节点沿轨道高速运动导致链路通断状态频繁切换，网络拓扑具有高动态性，在一个间隔时隙内很难找到端到端路径。链路中断造成的等待时延严重影响了数据传输的性能。

（2）卫星节点间相对距离远，导致传播时延远大于地面网络且呈现周期性变化。因此，若没有合适的分发策略支持，过多的冗余链路将带来巨大的传输时延和其他开销。

（3）链路的生存周期过短，卫星间传输的时延较大，因此，基于当前拓扑状态的路由策略并不能保证数据可以传输到目的节点。全局拓扑信息获取的困难给路由策略的设计带来一定的限制，常用于卫星网络的路由算法如

CGR，因为缺少全局拓扑信息而只能得到局部最优路由策略。

3.1.1　时变拓扑与时变图模型

承载空间信息网络的空间平台主要为分布在不同轨道的卫星、高空气球和其他航空飞行器等，这些节点间的相对运动使得网络拓扑具有动态特性，主要表现为链路的通断状态随时间快速演变，网络拓扑被频繁切割。虽然 DTN 技术可以克服 TCP/IP 在链路通断频繁的高动态网络中的传输弊端，为空间信息网络的单跳传输提供可靠的传输机制，但在数据传输的过程中如何在动态拓扑中选择下一跳转发节点，即路由决策，同时保证整个传输方案满足用户的 QoS 要求，仍然是一个严峻的挑战。相关问题主要体现在以下两方面：第一，不同于静态网络拓扑，空间信息网络拓扑具有时变性，不能根据某一特定的网络状态制定整体路由策略；第二，链路耦合随时间变化，路径的生存期较短，某一时刻的数据最佳传输路径不一定延续至后续发送时刻。即使该路径仍然存在，也不能保证在该时刻的网络拓扑下路径的最优性。上述两个问题促使时变网络常采用多径路由策略发送数据。

下面以图 3-1 所示的周期性时变网络为例说明以上问题。图 3-1 中展示了一个周期（包含 4 个连续时隙：$A \rightarrow B \rightarrow C \rightarrow D$）内的链路连接状态。假设每个时隙的长度为 L，每条链路的持续时间及数据在链路上经历的时延都为 L，用户的 QoS 要求为传输时延最短。在此情况下，若只根据 A 时隙的网络拓扑制定传输策略，则传输路径明显为①→②→④。然而，当数据到达节点②时，网络拓扑已进入 B 时隙状态，链路②→④断开而无法真正送达数据，时延为无穷大；根据 4 个时隙的网络拓扑演变规律，正确的传输策略为① $\xrightarrow{A}$ ③ $\xrightarrow{B}$ ④（箭头所标字母代表时隙），时延为 $2L$。该路径只是数据在 A 时隙发送时的最佳策略，不能确保其他发送时刻的最优性，如在 C 时隙发送数据，则最优路径显然为①→④。在任务数据量较大的情况下，若只按① $\xrightarrow{A}$ ③ $\xrightarrow{B}$ ④策略发送，由于需等待最优路径在下一周期重现，时延将大于

$4L$。此时，采用多径策略，如路径① $\xrightarrow{A}$ ③ $\xrightarrow{B}$ ④、① $\xrightarrow{A}$ ② $\xrightarrow{C}$ ④和① $\xrightarrow{C}$ ④同时发送数据，时延可小于 $3L$（链路容量满足一定条件）。

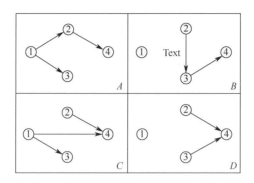

图 3-1　周期性时变网络

　　为克服动态网络拓扑对路由决策的影响，目前广泛采用的解决方案为分布式路由方法。为捕捉网络拓扑时变信息，在分布式路由方法中根据相关 QoS 要求制定的路由算法将运行于每个本地节点（携带待转发数据包的网络节点），以根据当前的网络状态做出最优决策。由于在每个本地节点都需要进行一次路由决策，分布式路由算法不需要在网络节点中存储路由表，且其对网络拓扑变化具有快速反应能力。然而，分布式路由为获取网络的最新状态，本地节点需要与其他网络节点进行通信，存在一定的信令交互开销。此外，其存在一个固有缺陷，即缺少网络的全局信息。因此，基于分布式路由算法的传输方案往往缺乏全局最优性且很可能不适用于多径传输策略（其需要全局的数据流分配方案）。

　　由上述分析可知，为使路由策略具有全局最优性，路由决策的过程需要网络的全局信息。不同于静态网络，时变网络的全局信息定义为在路由决策者所关注时间区间内的网络拓扑演变规律，其主要包含空间和时间二维信息。空间维度信息描述某一时刻/时间段内时变网络的链路通断状态，即网络的拓扑信息；时间维度信息描述不同时刻网络拓扑的演变规律。为表征此二维信息，目前广泛采用的方法为时变图模型，其典型代表为时空图和事件驱动图，为应对不同的分析场景，引入了不同的时变图模型。

1. 快照图

快照图的主要思想是将动态网络拓扑的连续变化利用多个离散的静态拓扑图记录下来,每个静态图称为一个拓扑快照图[103]。多个拓扑快照按时间排序就可以表现出链路间的通断关系随时间的变化,即拓扑快照记录了动态网络各个节点间链路随时间变化的所有形态。然而,快照图割裂了快照之间的联系,表征精准度低,造成资源浪费。同时,快照图的快照子图数量与时间长度成正比,存储开销大;基于快照图的路由算法在所有的快照子图内重复寻找,路由算法效率低。

2. 时空图

在 DTN 网络中,每个节点的位置会随着时间演化,整个网络拓扑也会随着时间演进,而传统的静态图无法表示这种演化过程,因此,需要一系列的静态图去表示每个时间段内的拓扑结构。接着用一组权重边去表示不同时间段内两个节点之间的联系,权重可以表示连接发生的概率(或在整个历史期间连接存在的时间比重)[19]。为刻画动态网络的拓扑变化,时空图[20][21](Space-Time Graph,STG)采取的思想类似于数学上的微积分,利用足够小的时间间隔对所关注的时间区间进行离散。在这个时间间隔内,时变网络的拓扑被视为稳定的(实际上离散间隔代表网络维持稳定的最小时间段)。因此,在每个时间间隔内,可以用静态图 $G(V,E)$ 来描述网络(其中 V 和 E 分别为节点和边集)。这一系列的静态图称为时变网络的快照,通过这些快照可以生成相应的时空图,从而描述时变网络的动态拓扑。如文献[21]中提到的一种分层时空图模型,每个子图都描述了一个时变拓扑网络给定时间的拓扑快照,两个不同的节点用一条从发送端到接收节点的空间链路联系,而不同子图的相同的节点由时间链路联系。下面介绍一种时空图模型的构建过程。

设某一时变拓扑网络拥有 n 个节点 $V = \{v_1, v_2, \cdots, v_n\}$,数据传输所关注的时间区间已被划分为 K 个等长的时间间隔(为便于分析,特做此假定,实际中不必要求等长时间间隔),相应地,产生的 K 个网络快照记为 $\{G^t(V,E) \mid t = 0, 1, \cdots, K-1\}$(从 0 开始计数)。为便于理解,图 3-2 (a) 展示了一个拥有 5 个节点的时变网络在 $[0,4\tau]$ 内的 4 个网络快照。为表示 K 个拓扑快照中节点间的相互联系，时空图（记为 $\mathcal{G}$ ）是一个 $K+1$ 层的分层图，每层拥有网络所有节点的一份副本，记第 l 层（ $l \in [0,K]$ ）的节点集为 $V^l = \left\{ v_1^l, v_2^l, \cdots, v_n^l \right\}$ 。对于第 t 个网络快照 $G^t(V,E)$ ，若节点 v_i, v_j （ $i,j \in [1,n]$ ）存在连接 $v_i \leftrightarrow v_j$ （" $\leftrightarrow$ "代表双向链路），则可在 $\mathcal{G}$ 的层次结构中添加两条有向边： $v_i^t \to v_j^{t+1}$ 和 $v_j^t \to v_i^{t+1}$ （" $\to$ "代表单向链路）。本书称时空图中此类有向边为空间链路（Spatial Links），它可描述网络中的数据转发过程，其中 $v_j^t \to v_i^{t+1}$ 代表连接 $v_i \leftrightarrow v_j$ 的反向传输链路。仍以图 3-2（a）所示的网络为例进行辅助说明，其对应的时空图如图 3-2（b）所示，其中以虚线箭头标记的空间链路 $v_1^1 \to v_4^2$ 和 $v_4^1 \to v_1^2$ 对应第一个网络快照内的节点连接 $v_1 \leftrightarrow v_4$ 。

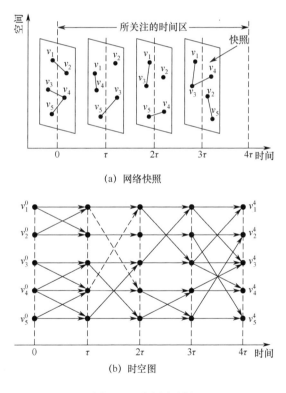

(a) 网络快照

(b) 时空图

图 3-2　时空图示例

由于时空图 $\mathcal{G}$ 中的节点 $\left\{ v_i^l \mid l = 0, \cdots, K \right\}$ 对应于网络中的同一节点 v_i ，所

以，位于相邻两层的节点 v_i^t 和 v_i^{t+1} 可以用有向边 $v_i^t \to v_i^{t+1}$ 连接，如图 3-2 (b) 中水平方向连接所示。本书称时空图中的此类有向边为时间链路（Temporal Links），其含义为节点 v_i 在第一个时间间隔内存储的数据。

通过时空图的两类有向边，既可以表示节点对数据的转发，又可以描述数据在节点中的存储保管过程。因此，时空图模型非常适合用于刻画采用存储—转发机制的动态 DTN。

3. 跨时隙有向图

在 LEO 卫星网络场景中，时变网络中的数据分发过程可以被建模成时变图上的单源多目最短路径规划问题。为了更好地捕捉卫星网络的拓扑变化，一些时变图模型被广泛用于卫星网络拓扑建模，如事件驱动图和时空图等。时空图存在时延不敏感且存储冗余度及计算复杂度高的缺点。事件驱动图仅关注事件触发时的网络拓扑状态，而忽略了中间过程的一些信息，从而当路径发生重合时会忽略一些链路状态。可以看出，利用现有时变图模型对卫星网络这种链路状态变换频繁且链路资源宝贵的特殊网络进行建模时，会带来一些不利的影响，因此，基于现有时变图模型的特点，根据卫星网络独有的特性，本书提出了跨时隙有向图（Cross-Slot Graph，CSG）。跨时隙有向图的构建思想与时空图类似，都是基于离散化的思想，将一段时间内的网络拓扑利用时间 τ 进行采样，形成一个分层结构的图模型。为了方便分析，在离散时间间隔内拓扑结构被认为是稳定的（实际上，τ 表示网络保持稳定的最短时间段）。因此，在任意一个时隙 τ，可以使用典型的拓扑快照 $G(V,E)$ 描述，通过增加必要的空间链路将一系列的静态拓扑快照连接起来，得到跨时隙有向图。具体构建方法如下：给定一个传输任务 (φ,t_0,γ)，拓扑变化的观测区间为 $[t_0,t_0+\gamma]$。首先根据预先已知的连接关系建立相应的连接表（Contact Graph，CTG）。接触表结构如表 3-1 所示，其中每行代表一个连接关系，简记为 $\mathrm{ct}(n_f,n_t,t_{\mathrm{start}},t_{\mathrm{end}})$。

表 3-1　接触表结构

起始节点	终到节点	起始时间	结束时间	其他链路参数
n_f	n_t	t_{start}	t_{end}	链路距离等

若指定一个固定的离散时间间隔 τ，跨时隙有向图被定义为 $G_c<V_c,E_c>$，其中，$V_c=\left\{v_i\,|\,i=1,2,\cdots,\left(\dfrac{\gamma}{\tau}+1\right)\cdot N\right\}$，$E_c=\left\{e(v_i,v_j)\,|\,i,j\in V_c\right\}$，分别代表节点集合和边集合。根据跨时隙有向图的定义，可以看出其与时空图类似，也是一个分层图，因此，对于一个含有 N 个节点的混合网络，首先构建 $\dfrac{\gamma}{\tau}+1$ 层节点，节点数量为 $\|V_c\|=\left(\dfrac{\gamma}{\tau}+1\right)\cdot N$，代表混合网中节点映射到图中的节点个数。因此，$v_i$ 和 $v_{t\cdot N+i}$，$t=1,2,\cdots,\dfrac{\gamma}{\tau}+1$ 在实际网络中代表在不同时隙的相同节点。$W_c=\left\{\omega(v_i,v_j)\,|\,i,j\in V_c\right\}$ 代表边上的权值，该权值由链路的等待时延和数据在该链路中的传输时延共同决定，边的权值由下式计算：

$$\omega(v_i,v_j)=T_\omega(i,j)+T_p \tag{3-1}$$

这里，T_p 代表节点间的传播时延；T_ω 代表节点 v_i 和节点 v_j 链路开始的等待时延，可以表示为

$$T_\omega(i,j)=\left(\left\lceil\frac{j}{N}\right\rceil-\left\lceil\frac{i}{N}\right\rceil\right)\cdot\tau \tag{3-2}$$

通过引入等待时延来表示未来的连接，可以使节点间的连接由单个时隙内扩展到多个时隙中。对于 CTG 中的任意连接 ct，相应地，在 G_c 中添加相应的空间链路。从连接的起止时间 t_{start} 和 t_{end} 可以推测出 ct 跨越 $\left(\dfrac{t_{\text{end}}-t_{\text{start}}}{\tau}\right)$ 个时间间隔，其起始于第 $\left\lceil\dfrac{t_{\text{start}}}{\tau}\right\rceil$ 层，终止于第 $\left\lceil\dfrac{t_{\text{end}}}{\tau}\right\rceil$ 层，同时要在 $\left[0,\dfrac{t_{\text{start}}}{\tau}\right]$ 层添加跨时隙链路，该链路成为空间链路，表示数据的转发过程。空间链路添加到 G_c 中的公式如下。

$$\left\{G_c\big(s_j\cdot N+n_f,s_i\cdot N+n_t\big)\leftarrow T_p+\tau\cdot\big(s_i-s_j\big)\,|\,s_i=t_{\text{start}}/\tau,\cdots,t_{\text{start}}/(\tau-1),s_j=0,\cdots,t_{\text{start}}/\tau\right\} \tag{3-3}$$

$$\left\{G_c\big(s_j\cdot N+n_t,s_i\cdot N+n_f\big)\leftarrow T_p+\tau\cdot\big(s_i-s_j\big)\,|\,s_i=t_{\text{start}}/\tau,\cdots,t_{\text{start}}/(\tau-1),s_j=0,\cdots,t_{\text{start}}/\tau\right\} \tag{3-4}$$

若同一节点之间的连接成为时间链路，表示数据的存储过程。

图 3-3 所示为节点 n_i 和 n_j 在不同时隙的连接状态。通过在权重 ω 引入等待时延来为不同时隙中的顶点增加连接机会，更方便路径查找，使其更适用于卫星网络这种链路稀缺的网络，且通过跨时隙的链路可以避免时间离散化对拓扑结构的影响。在图 3-3 中，$v_{i+t\cdot N}$ 和 $v_{j+t\cdot N}$ 分别表示两个不同的卫星节点 n_i 和 n_j 在不同时隙映射到 CSG 中的相应顶点。因此，图 3-3 中的实线表示 n_i 和 n_j 存在不同权重的连接关系，即跨时隙的连接；虚线表示在 t_1 时隙内或 t_2 时隙内存在连接关系。图 3-3 表示网络内节点 n_i 和 n_j 在 t_3 时隙内存在单向连接关系，由于在 CSG 中引入了等待时延的关系，因此，节点 n_i 映射在 CSG 中 t_1 时隙和 t_2 时隙时的顶点 $v_{i+t_1\cdot N}$ 和 $v_{i+t_2\cdot N}$ 也均与节点 n_j 在 CSG 中映射在 t_3 时隙的顶点 $v_{j+t_3\cdot N}$ 各存在一条有向边，且边的权值分别为 $2\tau+T_p$ 和 $\tau+T_p$。

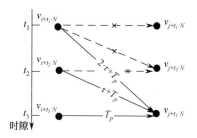

图 3-3 节点 n_i 和 n_j 在不同时隙的连接状态

为了方便理解，图 3-4 表示一个节点个数为 5、在 5 个时隙内的跨时隙有向图，图中实线箭头表示同时隙内两点之间的连接，虚线表示跨时隙的两节点之间的连接。由图 3-4 可知，由于在权值中引入了等待时延 T_ω，使得 CSG 不仅可以表示单个时隙内节点间的连接关系，还可以表示多个时隙间节点间的连接关系。通过新增加的链路，可以提供更多的连接机会，从而更方便路由算法的设计。利用该时变图模型来设计路由策略，当拓扑结构发生变化时，无须像静态拓扑一样切换拓扑快照，CSG 可在拓扑结构发生变化之前通过等待时延找到在未来几个时隙中节点间的连接关系。

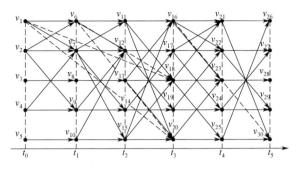

图 3-4　跨时隙有向图示例

LEO 卫星网络具有连接频繁中断的特性，很难在一个时隙内找到端到端路径，因此，使用当前典型的路由算法，如 Dijkstra 算法，对于该网络场景是不可行的，因为它试图通过在每个单独的时隙中寻找恒定的连接机会来规划分发路径。然而，通过构造 CSG，Dijkstra 算法在基于跨时隙有向图搜索路径时，可以直接跳转到其他时隙来计算从源节点到任何用户节点的端到端分发路径。根据 CSG 构造算法，如表 3-2 所示，其算法的复杂度为 $O(N^2)$，其中 N 表示 CSG 中节点的总数。

表 3-2　跨时隙有向图构建算法

算法 I　跨时隙有向图构造算法
1:　**INPUT:** N, τ, γ, CRT
2:　**OUTPUT:** $G_c < V_c, E_c >$
3:　Construct V_c in G_c : $V = \{(i-1)\cdot N + j \mid j = 1, \cdots, N; i = 1, \cdots, \gamma/\tau + 1\}$;
4:　$G_c \leftarrow \infty$
5:　//构建空间链路
6:　**For each** contact　$\mathrm{ct}(n_f, n_t, t_{\text{start}}, t_{\text{end}}, T_p)$ in CRT **do**
7:　　**For each**　$s_i = t_{\text{start}}/\tau, \cdots, t_{\text{eng}}/\tau - 1$　**do**
8:　　　**For each**　$s_j = 0, \cdots, t_{\text{start}}/\tau$　**do**
9:　　　　$G_c(s_j \cdot N + n_f, s_i \cdot N + n_t) \leftarrow T_p + \tau \cdot (s_i - s_j)$;
10:　　　$G_c(s_j \cdot N + n_t, s_i \cdot N + n_f) \leftarrow T_p + \tau \cdot (s_i - s_j)$;
11:　　**End for**
12:　　**End for**
13:　**End for**
14:　//构建时间链路
15:　**For each** $j = 1, \cdots, N \cdot \gamma$　**do**
16:　　$G_c(j, j) \leftarrow 0$
17:　end for
18:　**Return** $G_c < V_c, E_c >$

4．事件驱动图

文献[22]中的事件驱动图（Event-Driven Graph，EDG）是为确定性 DTN 设计的，与时空图不同的是，事件驱动图是时间不变的，每个发送和接收事件在图中被表示为一个节点，边被表示为它的容量（卫星存储或接触能力）。

与时空图相比，事件驱动图侧重于链路的 ON 状态，即触发图更新的状态。事件驱动图可以简化无效顶点，仅保留 ON 事件的相关节点，引入节点的大小仅取决于相关链路的数量。因此，事件驱动图冗余节点相对于时空图大幅度减少，且由于其时间的独立性，适用于计算时延敏感的场景中。在事件驱动图中主要包括两类事件：发送事件（Sending Event）和接收事件（Receiving Event）。在事件驱动图中，图中的节点统称为事件节点（Event-Node），用 (v_i, t) 表示在不同触发时刻 t 节点 v_i 的状态。定义一个有向图 $G_e\langle V_e, E_e\rangle$，若在 t 时刻存在一条从节点 v_i 到 v_j 的连接，此事件在图中被映射为两个节点：(v_i, t) 和 (v_j, t)，它们之间的双向边称为点间链路（Inter-Edge），并以此描述数据的转发过程。对于相同节点 v_i，根据链路 ON 状态的不同时刻可以对事件节点 (v_i, t_1) 和 (v_i, t_2)（其中 $t_1 < t_2$）添加单向链路 $(v_i, t_1) \rightarrow (v_i, t_2)$，该链路被称为点内链路（Intra-Edge），用于表示事件存储过程。图 3-5 描述事件驱动图中的 3 种不同连接情况。从图中可知，事件驱动图主要关注网络中事件发生时的状态，而忽视了消息的传输过程。因此，事件驱动图在描述时变网络的过程中会掩盖一些重要的信息，从而导致一些链路不可用或者不能被找到。如图 3-5（a）与（c）所示的两种链路状态，在事件驱动图中被表示为同一形式。根据该事件驱动图，这两种链路状态均可以找到路径 $1 \rightarrow 2 \rightarrow 3$，但是如果数据传输任务发生在网络 B 的 $[t_2, t_3]$ 时间内，在实际数据转发过程中，数据不能成功转发至节点 3。对于网络 C 来说，在事件驱动图中，节点 1 到节点 3 的转发有效路径被掩盖，但是，在实际传输过程中该路径可以被使用。

事件驱动图的存储冗余度远小于时空图及拓扑快照，其节点数量被表示

为 $\|V_e\| \leqslant N \times L_s + N$，其中，$N$ 为时变网络中的节点数量，L_s 为 ON 链路数量。因此，它的计算复杂度相较于时空图来说远远降低。但是由于事件驱动图只关心事件被触发时的状态，忽略了中间消息的传输过程，因此，一些重要信息被掩盖，导致一些链路在寻找路由时被掩盖，或者某些链路在图中可以被找到，但是在实际传输过程中不可用。这些缺点导致事件驱动图的使用在一些场景中受到限制。

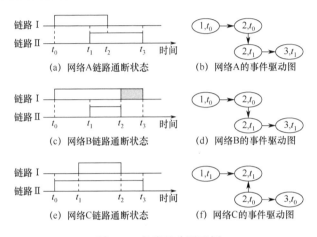

图 3-5　事件驱动图示例

5. 代价事件驱动图

考虑到卫星系统中的约束功率，代价事件驱动图（Cost-Event-Driven Graph，CEDG）被构建用来描述时变 DTN[22]。通过这种事件驱动的方法，DTN 图中在时间 t 从节点 u 到节点 v 的传统接触机会可以映射为成本事件驱动图中 (u,t) 和 (v,t) 的两个相对节点，它们与一条定向水平线紧密相连，称为节点间边。这里，每个节点间边都用 $(c_{ij,k}, \omega_{ij,k})$ 元组标记，其中，$\omega_{ij,k}$ 表示在该边传输一段的功耗。此外，代价事件驱动图 (u,t_1) 和 (u,t_2) 中从同一个节点 u 分解的两个相对连续的节点与一条有向垂直线相连，称为节点内边。类似地，节点内边用元组 $(b_{ij,k}, \omega_{ij,k})$ 标记，其中，$b_{ij,k}$ 是可存储在中间节点中的段数。此外，一个超级源节点和一个超级目标节点独立合并到代价事件驱动图中。毫无例外，源节点或目标节点派生的所有节点都应该与相应的超级节点互连。与 DTN 图和时空图相比，图 3-6 中的代价事件驱动图是时间不变的，这可以大大减少本地端点的存储和计算需求。代价事件驱动图为基于 DTN 的 LEO 网络中从源节点到目标节点的数据传输建模提供了便利。考虑到空间卫星资源的有限性，以最小的数据传输功耗和可接受的传输时延为代价的事件驱动图中的路由设计，成为 LEO 网络中的一个关键问题。

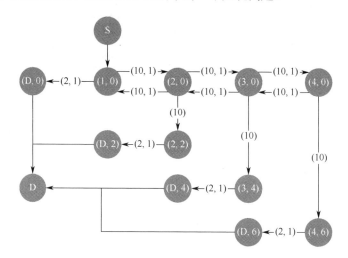

图 3-6　DTN LEO 网络中的代价事件驱动图

6. 更新离散图

对于固定离散时间间隔的 STG 模型，端到端分发时延的精度取决于时间维度上的离散化，这将会导致极高的计算复杂度。对于事件驱动机制的 EDG 模型，由于对实际数据传输过程的关注较少，端到端分发时延分析变得困难。同时，链路之间的时间重叠将会隐藏一些端到端路径，这对在频繁中断的 DTN 网络中搜寻更多的连通路径造成重要的影响。因此，本书提出了一种拓扑驱动的更新离散图（Update Discrete Graph，UDG）。由于卫星网络拓扑的可预知性，在空间 DTN 网络中，可以通过确定性、非均匀的拓扑变化间隔来离散化时变拓扑，这样既可以减少节点在时间上的冗余复制，又可以捕捉到每次拓扑更新时的网络状态。与 EDG 模型不同，UDG 是在网络拓扑发生变化时更新的。重叠链路被划分为几个持续时间较短的子链路，它可以将有确定性计划的拓扑进行充分离散来描述 DTN 网络的时变特性。因此，具有 K 个连接（见图 3-7）的更新时间集 $T_{\text{update}} = \left\{ t_b^{l_u} \mid t_b^{l_u} \in \text{unique} \left\{ T_b^k, T_e^k \mid 1 \leqslant k \leqslant K \right\}, 1 \leqslant l_u \leqslant L_u \right\}$，通

过降序排列可以单独决定时间间隔集合 $\Gamma_u = \left\{ \tau_u^{k_u} \mid 1 \leqslant k_u \leqslant K_u \right\}$，其中 $L_u = \left| \text{unique} \left\{ T_b^k, T_e^k \mid 1 \leqslant k \leqslant K \right\} \right|$ 是 UDG 的层数，$\text{unique}\{.\}$ 表示删除该数组重复项，$|.|$ 表示该集合中元素的个数，$\tau_u^{k_u} = t_b^{l_u+1} - t_b^{l_u}$，$K_u = L_u - 1$。通过设置 Γ_u，每个接触点被分为几个子触点。因此，在更新 L_u 之后，UDG 成为一种特殊的分层结构模型。特别的，顶点 $vu_i^{l_u} \in V_u$ 意味着节点 s_i 在第 l_u 层，边 $eu_{l_u,l_u}^{ij} \in E_u, 1 \leqslant l_u \leqslant L_u$ 是由 $\omega_{l_u,l_u}^{ij} = \tau_u^{k_u}$ 加权的空间边，时间边 eu_{l_u,l_u+1}^{ii} 使用权重 $\omega_{l_u,l_u+1}^{ii} = \infty$ 分别连接着相同的节点。图 3-8 所示为基于图 3-7 的 UDG 模型，尤其是与 EDG 相比，由更新引起的顶点和边被额外插入。例如，在 UDG 中插入边 $eu_{3,3}^{6,7}, eu_{4,4}^{6,7}, eu_{5,5}^{6,7}$ 及相应的顶点，考虑到跨越多个层的接触持续时间，这些边将节点 s_6 和 s_7 之间的接触强制划分为具有较小权重的多个子接触。

k	s_f	s_t	$T_b^k(\text{min})$	$T_e^k(\text{min})$
1	4	5	0	30
2	1	5	40	60
3	5	3	40	60
4	5	6	20	30
5	6	7	0	60
6	6	3	30	40
7	7	2	20	50

(a)

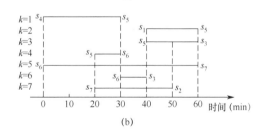

(b)

图 3-7　K 个连接

此外，NN 个虚拟顶点 $vu_i^{-1}(1 \leqslant i \leqslant \text{NN})$ 被用标记为 -1 并插入 UDG 中，聚合所有权重 $\omega_{-1,l_u}^{ii} = \infty$ 的顶点 $vu_i^{l_u} \in V_u$。数据分发可以从这些虚拟顶点出发，设计具有任意开始时间的任务路径，而不是拓扑更新时间的任务路径。这些虚拟顶点被分成 l_0 层，如图 3-8 所示，那些分开的子触点可以方便地提高触点的更多可用性。顶点数 $|V_u|$ 和边数 $|E_u|$ 可以表示为

$$\left|V_u\right| \leqslant \mathrm{NN} \times L_u + \mathrm{NN}$$
$$\left|E_u\right| \leqslant 2 \times (L_u - 1) \times \mathrm{NN} + \mathrm{NN} \times L_u \qquad (3\text{-}5)$$

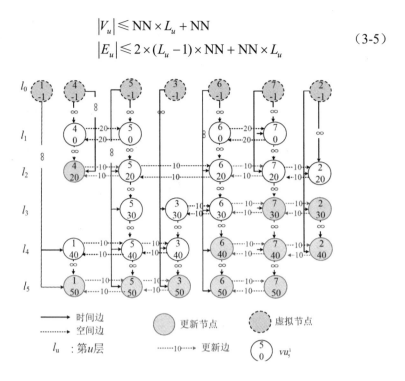

图 3-8　更新离散图

3.1.2　拓扑的连通性

高动态网络中的不同子图之间的联系需要依靠图的连通性这一概念，图的连通性一般用连通支配集（Connected Dominating Set，CDS）来描述。传统连通支配集是图理论中的概念，其被定义为给定无向图 $G\langle V,E\rangle$，其中，V 代表点集合，E 代表边集合，那么 V 的一个子集 S 被称为支配集，当且仅当 $V-S$ 中任何一个节点 v，都对应 S 中的某个节点 u，使得两个节点之间的边 $e\langle u,v\rangle \in E$。若 S 为强连通子图，则称为连通支配集。

目前，连通支配集思想被用于地面无线网络中来构造骨干网，用来维护网络拓扑的连通性，并减少数据传输造成的网络风暴。目前，可以按照构造方式不同将连通支配集分为分布式和集中式两大类。在基于集中式的连通支配集算法中，文献[23]中提出的集中式算法思想如下：在原始的拓扑图中，依据一定的规则构建一棵生成树来构成连通支配集，其中，将节点权值最大的节点作为根节点，并由根节点开始来构建树；同时在原始图中的非叶子节点中选取节点作为支配节点，即骨干节点。文献[24]是在文献[25]中算法的基础上进行改进的，利用最小生成树的思想来构造连通支配集。以上算法均是集中式的，要求将整个网络的拓扑信息集中在选定的中心节点（根节点）上，这样保证了网络全局信息能够被快速获知，获得的连通支配集规模通常也比较小，然而极大的通信代价和局部节点的过大通信量，使得这类算法并不适用于拓扑变化迅速的网络，也就是说，可扩展性差。不同于集中式连通支配集算法，基于分布式的连通支配集算法具有较强的自组织性。任意节点在获知邻居节点信息的基础上，可以独立计算自己和邻居节点的连接情况。目前，根据构造方法的不同，可以将算法分为以下 3 类：基于邻居节点信息的、基于极大独立集的、基于自裁剪的方式。

基于邻居节点信息的算法思想如下：利用网络节点周围 1~3 跳的邻居节点信息来构造连通支配集。网络拓扑中的节点按照一定的判断依据（距离、能量），利用其两跳范围内的邻居节点信息来计算自身的权值，选择权值较大的节点成为支配节点，并添加一定的连接节点保障网络子网的连通性。基于极大独立集的算法是先在原始网络中构建好极大独立集，同样添加连接节点，将独立集连通。不同于上述两类算法，基于自裁剪的算法思想是默认原始的网络拓扑是一个连通支配集，在保证网络连通性的基础上删除多余的节点和链路，通过去冗余的方法得到规模较小的连通支配集。除上述 3 类主流的分布式算法外，文献[26]中的算法思想是对网络中的任意一个节点，判断其邻居节点是否两两不相邻，若是则为支配节点并加入支配子集中。遍历所有的节点，直到加入支配集中的所有节点的邻居节点都不相邻为止。该方法比较容易实现，但是会产生较多的冗余支配点，造成最后生成的连通支配集规模较大。

从上述分析可知，集中式算法是将所有的节点信息集中在中心节点上，方便快速获取全局信息，而分布式算法仅仅考虑节点的邻居信息，具有较强的自主性。相较于集中式算法，分布式算法更加适用于高动态网络。本书的后续章节采用分布式的连通支配集构造算法。此外，目前比较主流的分布式算法是基于邻居节点和基于极大独立集的，所以，我们比较了这两类算法在不同节点规模情况下的算法完成时间，来选择更加适合卫星网络的构造算法。如图 3-9 所示，分别在节点数目为 5, 10, 15, 20, 25, 30, 35, 40, 45, 50 的网络规模上运行上述两类算法，可以看出，当节点数目较小时，基于极大独立集的算法完成时间要少于基于邻居节点的。随着节点数目的不断增加，基于邻居节点的算法完成时间则远远少于另一种算法。卫星节点的高速运动导致节点间的连通情况不断发生变化，故需要在尽可能短的时间内构造出支配集，当卫星网络连通性发生变化时，才可能较快地重构连通支配集。另外，无论是本书采用的卫星网络，还是其他类型的网络结构，网络的规模都是向更多的卫星数目、轨道类型发展。综上所述，本书中应采取基于邻居节点的算法来设计后续的连通支配集[27]。

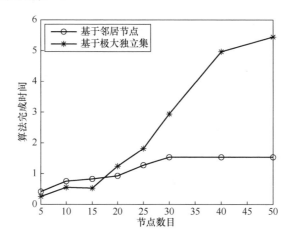

图 3-9　两类 CDS 的算法完成时间对比

由于传统 CDS 依托于密集连接的网络，在卫星网络中，CDS 的构建存在如下两个困难：①因为传输资源少，在同一个时刻很难有足够的端到端连接；②拓扑变化需要 CDS 频繁更换。如图 3-10 所示，因为卫星节点少且各个节点直接的连接过少，所以，用传统方法无法构建出 CDS。于是，CDS 的构建就需要依靠前面提出的各种时变图模型进行。下面介绍两种时变图模型下的 CDS 构建方法，分别是基于时空图的 MCDS 模型和基于更新离散图的 TCDS（Time-Evolving Connected Dominating Set）模型。

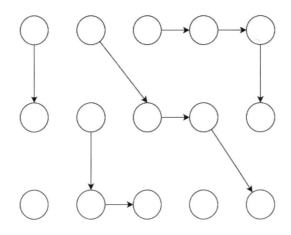

图 3-10　卫星网络中的 CDS

1. 基于时空图的 MCDS 模型

下面介绍单时隙内的连通支配集构造算法。在介绍算法前，先介绍几个相关的连通支配集定义。

定义 1　支配集（Dominating Set，DS）：给定图 $G\langle V,E\rangle$，当且仅当 V' 满足 $\forall v \in V, u \in V'$ 或 u 与 V' 中的某一节点 v 相邻时，节点集合 V' 是一个支配集，V' 中节点称为支配点。

定义 2　连通支配集（CDS）：给定图 $G\langle V,E\rangle$，节点集 $C \subseteq V$ 是一个支配集，由 C 导出的连通子图称为连通支配集。

定义 3　节点度 $D(u)$：对于任意一节点 u，其邻居节点个数之和即为其度数，记为 $D(u)$。

定义 4　边的权值 $W\langle u,v\rangle$：对于任意一条边 $\langle u,v\rangle$，其连接的两个节点 u 和 v 的度数之和即为连接边的权值，记为 $W\langle u,v\rangle$。

为了在维护网络连通性的基础上尽可能降低总的路由成本，并在路由成本和跳数之间取得平衡，要相应地缩小单时隙内所构成的骨干网的大小，故采用连通支配集的思想来构造骨干网。主要的算法思想如下：首先，通过单个时隙的邻接矩阵获知所有节点的邻居节点的连通状态，计算每个节点的节点度；其次，对图中的每条边赋权值，边的权值等于该边连接的两个相邻节点的度之和；再次，从任意一节点开始选取权值最大的边，求解出对应的最大生成树；最后，删除树中度为 1 的节点，剩下的节点即构成所求的连通支配集。在表 3-3 中，给定随机节点的数目，遍历所有的时隙，利用上述连通支配集构建思想，构建卫星网络中的单时隙连通支配集。当然，并不是所有的时隙内连通支配集均能构建成功，一般来说，节点数目越多，原始拓扑图的连接性越好，构建成功率越大。

表 3-3 单时隙连通支配集构造算法

算法 II 单时隙连通支配集构造算法

1：**INPUT:** $G\langle V,E\rangle, N, t$

2：**OUTPUT:** 骨干节点集和相关骨干网的集合 V_{BN}^{t}；ConT_BN^{t}

3：初始化： $V_{BN}^{t} \leftarrow \varnothing$；ConT_$BN^{t} = \{ \ \}$

4：**For** $t = 1:1:T$

5：单时隙内的邻接矩阵表 $ATM^{i} = ATM$ **where** $i = t$

6：根据定义计算节点的度 $D(u)$ 和边的权值 $V(<u,\upsilon>)$

7：**end For**

8：**do**

9：　**Finding** $V(<u^{t},v^{t}>) =$ 最大值 **where** $u^{t} \in V_{BN}^{t}, v^{t} \notin V_{BN}^{t}$

10：　　**If**（边的权值一致）

11：　　　选择在当前骨干网的节点度较大的边

12：　　**end if**

13：　　$V_{BN}^{t} \leftarrow v$；ConT_$BN^{t} =<u^{t},v^{t}>$

14：**until** $V_{BN}^{t} = V$

15：**If** $D(u) = D(v) = 1$ and $<u^{t},v^{t}>$ 存在

16：　**Deleting** u^{t} 和 v^{t}

17：　　**Refresh** V_{BN}^{t}；ConT_BN^{t}；

18：end if

19：**Return** V_{BN}^{t}；ConT_BN^{t}；

为了更形象地说明本节的算法，以一个单时隙内的算法生成实例来进行说明。如图 3-11 所示，选择 30 个随机节点生成网络拓扑图，并运行本节提出的算法来生成对应的连通支配集，即骨干子图，如图 3-12 所示。在图 3-12 中，边上带圆圈的代表支配节点，可以看出非支配节点均可通过所构成的连通支配集和其他任意节点互连。

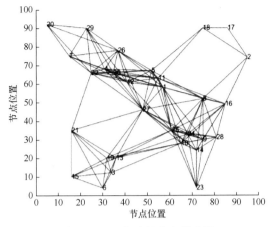

图 3-11　30 个随机节点的连接

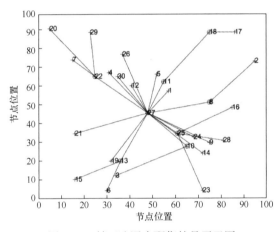

图 3-12　基于连通支配集的骨干子图

2. 基于更新离散图的 TCDS 模型

传统的连通支配集只针对静态的有向图，如果针对卫星网络的动态拓扑结构会带来一定的限制：网络拓扑具有时变性，因此，不能基于某一特定的网络状态来构建整体连通支配集；由于链路耦合随时间变化，连通支配集的生存时间较短，因此，需要频繁被更新，带来巨大的更新开销；由于卫星网络节点数量较少，且链路资源宝贵，这将容易导致连通支配集构建失败。近年来，为了在这样的动态环境中保证网络的连通性，虚拟骨干网通过寻找子图来维持网络中任意两个节点之间的连通性，从而实现有效的拓扑控制。CDS[22]是一种很有吸引力的方法，通常被用作构建骨干网络的候选解决方案，尤其是在无线传感器网络或 Ad-Hoc 网络中。一般来说，CDS 的主要思想是在有向图中找到一个最小规模的节点子集，其中每个节点要么在支配集中，要么与支配集中的一些节点相邻。然而，由于卫星的轨道运动，3 层卫星网络具有随时间演化的拓扑结构，与地面网络明显不同，导致一般骨干网络效率低下。根据连通支配集的思想，通过分析节点在混合网络动态拓扑中的关系，我们提出一种与时间相关的连通支配集，称为 TCDS。

为了区分物理 LEO 网络中的节点和其映射在 UDG 中的顶点，之后分别用"节点"和"顶点"来定义两个不同的概念。下面给出关于 TCDS 的相关定义。

定义 1：邻居节点。对于 UDG，每个顶点 $v_i^{t_{sta}} \in V_u$，其邻居节点被定义为 $N(v_j^{t_{sta}}) = \left\{ v_i \mid v_i \in V_u \setminus v_j^{t_{sta}}, \exists e_u \left\langle v_i^{t_{sta}}, v_j^{t_{sta}} \right\rangle \right\}$。

定义 2：顶点间连通。在 UDG 中，如果两个顶点 $v_i^{t_{sta}}$ 和 $v_j^{t_{sta}}$ 在 $[0, T+\lambda]$ 内至少存在一条有效路径，则称这对顶点是连通的。其中，T 为观测时延，λ 为路径允许的最大时延。

定义 3：节点间连通。如果网络中两个节点 N_i 和 N_j 在 $[0, T+\lambda]$ 内的任意时刻 t_{sta} 均至少存在一条路径，那么这两个节点是连通的。

定义 4：节点度。节点 N_i 的节点度被定义为

$$d(N_j) = \sum_{i,j \in N, i \neq j} \sum_{t_{sta} \in [0,T]} T_{dur}(v_i^{t_{sta}}, v_j^{t_{sta}}) \tag{3-6}$$

定义 5：最小时间演变连通支配集（Minimum Time-Evolving Connected Dominating Set，MTCDS）。MTCDS 被定义为在时间域 $[0, T+\lambda]$ 内，UDG 中一组最小确定节点的集合 S，该集合满足如下性质。

（1）UDG 中当且仅当存在一个集合 $S \in V_u$，该集合满足在 UDG 中任意一条边 $\forall e_u \left\langle v_i^{t_{sta}}, v_j^{t_{sta}} \right\rangle \in E_u$ 中至少一个节点属于集合 S。

（2）在 MTCDS 中的任意两节点是满足节点间连通的（定义 3）。

给定一个更新离散图 UDG，图中任意顶点 $v_j^{t_{sta}} \in V_u$ 的邻居节点被定义为与其存在连接关系的顶点集合；若两个顶点间存在一条路径，则这两个顶点的关系被称为顶点连通；若动态网络中两个顶点在 UDG 中映射的节点间都是节点连通的，则这两个节点的关系被称为节点连通。节点度被定义为该节点映射到

UDG 中所有顶点的邻居的集合。通过上述定义，本节给出 MTCDS 的定义：若 UDG 中当且仅当存在一个集合 S，满足 UDG 中任意一条边中至少一个节点属于 S，且该集合满足任意两个节点是连通的，则该集合被称为 MTCDS。

以上对 MTCDS 的一些相关概念进行了定义，传统 TCDS 构建的是一个非确定性多项式完全（Non-deterministic Polynomial Complete，NP-C）问题（简称 NP-C 问题），因此，下面通过归约的方法证明了 MTCDS 是一个 NP-C 问题。该证明过程分为以下 3 个部分。

首先，本章基于 UDG 构建 MTCDS。定义一个 N 节点的标准有向图 $G\langle V,E\rangle$，并且假设这 N 个节点在 $[0,T)$ 时域内有 m 条链路（m 个事件），每条链路被表示为 $\mathrm{ct}(v_s,v_r,t_{\mathrm{sta}},t_{\mathrm{end}},T_{\mathrm{dur}})$。在 UDG 中被表示为 $G_u\langle V_u,E_u\rangle$，图中任意一条边 $\forall e\langle v_i^{t\mathrm{sta}},v_j^{t\mathrm{sta}}\rangle \in E_u$ 权值为 $\omega\langle v_i^{t\mathrm{sta}},v_j^{t\mathrm{sta}}\rangle =T_{\mathrm{dur}}$，这表示混合网络中两个节点 N_i 和 N_j 在 $[t_{\mathrm{sta}},t_{\mathrm{sta}}+T_{\mathrm{dur}}]$ 内存在连接关系。因此，将 $G\langle V,E\rangle$ 图中的每个顶点 $v_i\in V$ 都扩展成带有不同开始时间 t_{sta} 的 N 个顶点集合来构成 UDG，其中每个顶点集合在 UDG 中，也用 v_i 表示。因此，UDG 中的顶点被表示为 $\forall(v_i,t_{\mathrm{sta}})\in v_i$，$\forall e_j\in E_u$ 代表一个连接关系。根据 MTCDS 的定义能方便地在 UDG 中构建 MTCDS。相应地，可以得到 UDG 节点个数的上界

$$\|V_u\| \leqslant 2E_u \tag{3-7}$$

然后，证明构建 MTCDS 是一个 NP 问题。首先证实在 V_u 中至少存在 k 个集合，$\{v_1,v_1,\cdots,v_k\in \mathrm{MTCDS}\}$，并且对于任意一条边 $\forall e\langle v_i^{t\mathrm{sta}},v_j^{t\mathrm{sta}}\rangle \in E_u$ 中的两个节点，要么节点 v_i 属于 MTCDS，要么 $v_i^{t\mathrm{sta}}$ 是 MTCDS 中任意顶点的邻居节点。另外，MTCDS 导出的子图对任意一对节点集合是节点连通图，满足定义 4。因此，构建 MTCDS 是 NP-C 问题。

最后，证明了构建 MTCDS 是一个 NP-C 问题。设定 s 是 $G_u\langle V_u,E_u\rangle$ 中任意顶点集合 v_i 中包含节点的数量，那么当 $s=1$ 时，$G_u\langle V_u,E_u\rangle$ 将退化成标准有向图 $G\langle V,E\rangle$，因此，在 G_u 中构建 MTCDS 问题被转变成在 G 中求最小连通支配集合（Minimum Connected Dominating Set，MCDS）；当 $s>1$ 时，在 G_u 中构建尺寸为 k 的 MTCDS 能被转换为在有向图 G 构建尺寸为 $\displaystyle\sum_{i=1}^{k}\sum_{t=1}^{s}(v_i,t_s)$ 的 MCDS。因此，构建 MCDS 可以归约到构建 MTCDS 问题中，由于构建 MCDS

是一个 NP-C 问题，那么，在 UDP 中构建 MTCDS 也是一个 NP-C 问题。

由于构建 MTCDS 是 NP-C 问题，因此，其构建算法不存在全局最优解，只能找到近似最优解。求解最小连通支配集合 MCDS 的典型方法是从空解开始，然后根据贪婪的标准依次找到顶点作为 CDS 的一部分，将获得的顶点合并到解集合中，直到解集合满足 CDS 的定义。同样，本章提出的在 UDG 下求解 MTCDS 也遵循这种方法。首先，根据定义 4 计算 LEO 卫星网络中每个节点的节点度，以便找到节点度最大的节点 v_m；其次，将 v_m 加入支配集合（Dominating Set，DS）中，同时，删除 UDG 中所有 $\forall v_m^{lsta} \in v_m$ 的顶点和它们的邻居顶点之间的边，直到图中所有与 DS 中任意节点连接的边被完全删除；最后，通过添加新的节点使 DS 扩展成一个任意两节点满足强连通的完全子图。该完全子图为 UDG 中的 MTCDS。MTCDS 构建算法的详细过程如表 3-4 所示。根据算法 III 可以知道构建 DS 的算法的复杂度为 $O(mN)$，其中 N 为混合网络中节点的数量，m 为观测时间内链路的数量。为了将 DS 扩展成 MTCDS，需要计算 DS 中任意一对节点的路径，因此，该运算的算法复杂度为 $O(N'^3)$，其中，$N' \leq N$ 是 DS 中顶点的数量。由于 UDG 中 $\|V_u\| \leq 2E_u$，可以得到 $N \leq 2m$。综上，可以得出本章提出的 MTCDS 构建算法的计算复杂度为 $O(m^3)$。

表 3-4 MTCDS 构建算法

算法 III MTCDS 构建算法
1：输入：$G_u < V_u, E_u >$, T
2：输出：TCDS
3：　　TCDS $\leftarrow \phi$;
4：　　//在 DS 中循环添加节点
5：　　**While** G_u 中存在空间链路
6：　　　　$v_i \leftarrow$ findMaxDegree(G_u);
7：　　　　DS $\leftarrow$ DS $\cup v_i$
8：　　　　$N(v_i) \leftarrow$ findNeighbor(v_i)
9：　　　　updateGraph($G_u, N(v_i)$);
10：**End While**
11：　　//在 DS 中添加新节点使其扩展成 CDS
12：　　TCDS $\leftarrow$ AddNewNode(DS, G_u);
13：返回 TCDS

3.2　空间 DTN 的路由策略

3.2.1　连接图路由

现有的 DTN 路由策略大多数是基于网络拓扑的先验知识，其中具有代表性的是 CGR 算法。CGR 算法是由 NASA 提出应用在 DTN 中的路由算法。CGR 算法依据连接图的连接信息从源节点到目的节点依次选择可靠的邻居节点，最终构成从源节点到目的节点的路径集合，最后调用 Dijkstra 算法来实现最佳路径选择。CGR 工作模型如图 3-13 所示。

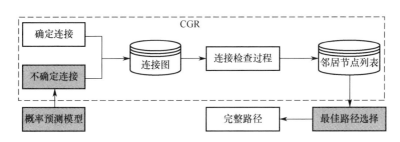

图 3-13　CGR 工作模型

CGR 算法流程如下。

1）参数初始化

Bundle 的邻居节点列表（NL）为空，将连接最早截止时间（ET）设为无穷大，将路由最大跳数（NH）设为 0，并将不能接受的邻居节点存放的集合即排除节点列表（EL）设为空。

2）连接检查过程（Contact Review Procedure，CRP）

（1）要把待检查的连接链路的目的节点 Me 放到 EL 中，以此排除对 Me 的检查。

（2）为连接最早开启时间 T 赋值，令 T 等于当前将要转发 Bundle 的失效时间。

（3）分析当前时间是否小于 T，如果符合，则分析此连接开启时间是否也小于 T。如果满足条件，则进行下一步分析；否则分析连接图中下一个未分析的连接。

（4）判断当前所分析连接的目的节点是否为路径的最终目的节点，如果符合要求，可以得到此路径的 Bundle 最早截止时间（ET）就是当前连接的结束时间（Te）。

（5）判断持有转发 Bundle 的本地节点 L 是否为当前所分析的连接的源节点 Ms，此连接的目的节点 M 是否为 L 的邻居节点。如果满足要求则进行下一步分析；否则分析新的连接。

（6）分析当前所分析连接的链路剩余容量是否能满足 Bundle 转发所需要的链路容量 ECC（由链路速率和连接距离可以求得 ECC，本书不再复述）。

（7）更新参数，更新跳数 NH+1。继续查找是否有未分析的连接，若有，则重新回到第（1）步；否则，算法结束。

3）转发程序（Forward Bundle Procedure，FBP）

经过多次调用连接检查过程，可以得到从源节点到目的节点全部的邻居节点。由邻居节点集合组成了一个路径集合，其中包含多条路径。设计有效的转发策略对数据能够进一步可靠被目的节点接收是十分有必要的。CGR 算法规定，FBP 是分两种不同的情况传输 Bundle 的。

（1）关键 Bundle（十分重要，必须正确、快速接收的 Bundle），将会转发到当前持有 Bundle 的邻居节点列表（NL）中的每个节点。

（2）非关键 Bundle（不重要的 Bundle），为节省开销，避免资源浪费，会选择最优的下一跳进行转发。其最优的指标一般是指最短距离或者最早到达。在 DTN 仿真工具 ION（Interplanetary Overlay Network）中，CGR 算法中的转发程序是按照 Dijkstra 最短路径方式选择最佳路径的。

然而，传统的 CGR 算法利用 Dijkstra 算法寻找全局最优路径的前提是要存在一条完整路径。在空间 DTN 中，存在不确定连接节点，并且各节点相距较远，空天网络环境恶劣，会经常出现中断，不会实时存在一条完整的路径。另外，网络中存在不同结构和功能的节点，只利用一个指标来选择路径是不合理的，应该考虑在此种网络环境下改进传统的 Dijkstra 算法。在图 3-13 中，灰色部分为具体改进的部分，本章针对网络的连接特性提出了一种概率预测模型，并在 CGR 的基础上设计了一种能够适应不同平台 DTN 的最佳路径选择算法。

上文提出了概率连接图，其中确定网络的连接参数可以根据卫星的轨道方程得到，不确定网络中节点的运动状态具有多样性（本章以固定翼无人机节点为例），其连接状态很难直接获取。但是固定翼无人机运动不会发生突变，所以，根据当前运动状态和位置可以预测出无人机的将来位置，从而可以根据无人机的可通信范围得到无人机之间的连接情况。由于无人机运动特点近似符合半马尔可夫运动过程，所以，本章提出了一种基于半马尔可夫模型的半确定连接预测方法，并基于运动模型对连接概率进行了仿真分析。

固定翼无人机受动力学约束，在运动过程中是有一定规律的。速率及方向都是逐渐变化的，根据当前运动状态可以推测出将来的运动状态及位置。无人机运动具有匀速或变速运动的特性，包括速度大小的变化和方向的改变（注意，这里所讨论的速度为水平方向的速度）。半马尔可夫移动模型可以很好地符合无人机的运动特性。半马尔可夫移动模型是随机移动模型的增强版本，进一步优化随机移动模型以更好地适应真实物理环境。例如，它可以模拟移动节点的微小移动行为，如每个运动的速度、加速度和方向变化。通常，马尔可夫移动模型具有如下 3 个运动阶段。

（1）加速阶段（α 阶段）。对于每种运动，需要进行加速才能达到稳定速度。在一个半马尔可夫决策过程中，运动节点经过 α 个时间步长的时间段为 $[t_0, t_\alpha] = [t_0, t_0 + \alpha \Delta t]$。在初始时间 t_0 选择目标速度 $v(t_0)$，目标方向 $\phi_\alpha \in [0, 2\pi]$ 和时间步长数 $\alpha \in [\alpha_{\min}, \alpha_{\max}]$ 作为变量，这 3 个随机变量都是均匀分布的。在通常情况下，无人机是沿着同一个方向加速的。所以，方向 ϕ_α 在这个阶段不会发生变化。为了避免速度的突然改变，无人机将会沿着 ϕ_α 的方向从 $v(t_0) = v_{\min}$ 匀加速到目标速度 v_α，此时 $v(t_\alpha) = v_\alpha$ 也标志着加速阶段已经完成。

（2）匀速阶段（β 阶段）。实际上，无人机在加速阶段完成后，有一段平滑阶段来保持稳定的速度。相应地，一旦节点在 t 时刻转换到匀速阶段，会随机选择 β 个时间步长来确定匀速阶段的持续时间间隔 $(t_\alpha, t_\beta) = (t_\alpha, t_\alpha + \beta\Delta t)$。这里的 β 是在 $[\beta_{\min}, \beta_{\max}]$ 内服从均匀分布的。在 β 阶段，每个时间步长的移动模式类似于高斯马尔可夫移动模型的运动特性。详细来说，β 阶段中的速度为 v_α、初始方向为 ϕ_α，之后的无人机节点的速度和方向均相对于 v_α 和 ϕ_α 进行波动。所以，用 v_α 表示速度的渐进均值，用 ϕ_α 表示方向的渐进均值。用 $\varsigma \in [0,1]$ 来调整节点速度的时间相关性，很容易控制相邻时间间隔的速度的相关程度。在 β 阶段，无人机运动模型可以用高斯马尔可夫移动模型来表示。

$$v_j = \varsigma v_{j-1} + (1-\varsigma)v_\alpha + \sqrt{1-\varsigma^2}\, v_{j-1}$$
$$\phi_j = \varsigma \phi_{j-1} + (1-\varsigma)\phi_\alpha + \sqrt{1-\varsigma^2}\, \phi_{j-1} \tag{3-8}$$

式中，v_{j-1} 和 ϕ_{j-1} 是两个具有零均值和单位方差的高斯随机变量，$\varsigma \in [0,1]$ 用于调整节点速度的时间相关性，v_j 和 ϕ_j 分别是第 j 步中随机节点的瞬时速度和方向。

（3）减速阶段（γ 阶段）。无人机经过匀速阶段后，可能会为了某种需求而做减速运动，到达速度的最小值。为了避免运动速度骤减，无人机需要经过一段时间逐步实现速度的减小，这个阶段称为减速阶段。在 t_β 时刻，随机选择 γ 个时间步长，其方向 $\phi_\alpha \in (0, 2\pi)$，这里的 γ 是在 $[\gamma_{\min}, \gamma_{\max}]$ 服从均匀分布的，减速阶段 ϕ_α 不变，在时间区间 (t_β, t_γ) 上，v_γ 是在 $[v_{\min}, v_{\max}]$ 做匀减速运动的，这里的 $v_{\max} = v_\alpha$，$t_\gamma = t_\beta + \gamma\Delta t$。

本书将具有半马尔可夫运动特性的两个无人机节点进行数学建模，其运动轨迹如图 3-14 所示。图中表示了两节点的相对运动模式，其中圆形内部表示无人机节点 u 和 ω 的可通信范围，R 为可通信半径。图中还表示了经过 m 个时间步长，两个无人机相对距离的变化情况，可以将其集合关系表示为

$$|\boldsymbol{r}_m| = \sqrt{|\boldsymbol{r}_{m-1}|^2 + |\boldsymbol{k}_m|^2 - 2|\boldsymbol{r}_{m-1}||\boldsymbol{k}_m|\cos\theta_m}$$

$$\theta_m = \arccos\frac{|\boldsymbol{r}_{m-1}|^2 + |\boldsymbol{k}_m|^2 - |\boldsymbol{r}_m|^2}{2|\boldsymbol{r}_{m-1}||\boldsymbol{k}_m|} \tag{3-9}$$

式中，$\boldsymbol{r}_m$ 是第 m 步的相对距离向量，$\boldsymbol{k}_m$ 是第 m 步的相对速度向量，θ_m 是 $\boldsymbol{k}_{m-1}$ 和 $\boldsymbol{k}_m$ 两向量的夹角。

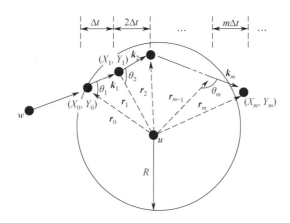

图 3-14　运动轨迹图

由前文知道无人机运动包含 3 个运动阶段：α 阶段、β 阶段和 γ 阶段，将每个运动量化成等距步长。在实际分析时将这 3 个阶段统一，即各无人机在 $[v_{\min}, v_\alpha]$ 上可能做 3 种运动，则 m 满足

$$m = \alpha + \beta + \gamma \tag{3-10}$$

其中，两者的相对速度 $\boldsymbol{k}_m$ 由几何向量来表示：

$$|\boldsymbol{k}_m| = \sqrt{(X_m - X_{m-1})^2 + (Y_m - Y_{m-1})^2} \tag{3-11}$$

$$|\boldsymbol{k}_m| = |\boldsymbol{v}_m^u|^2 + |\boldsymbol{v}_m^w|^2 - 2|\boldsymbol{v}_m^u||\boldsymbol{v}_m^w|\cos(\phi_m^u - \phi_m^w) \tag{3-12}$$

式中，$\boldsymbol{v}_m^u$ 和 $\boldsymbol{v}_m^w$ 分别表示无人机 u 和 w 在第 m 个时隙的实际运动速度，ϕ_m^u 和 ϕ_m^w 分别表示无人机 u 和 w 在第 m 个时隙的实际运动方向。由前文分析可知，单个无人机在第 m 个时隙的速度和方向可以由第 $m-1$ 个时隙的运动状态得到。$X_1, X_2, \cdots, X_n$ 是相对速度在 X 方向上的变化值，相互独立且同分布。同理，在 Y 方向上，$Y_1, Y_2, \cdots, Y_n$ 也是独立且同分布。由中心极限定理可知，当 n 足够大时，X_m 和 Y_m 分别服从高斯分布，可知 X_m 和 Y_m 可以近似认为服从高斯分布，所以，$X_m - X_{m-1}$ 和 $Y_m - Y_{m-1}$ 也可以近似等效为服从零均值的高斯分布。式（3-6）近似服从瑞利分布。由于在半马尔可夫运动过程中目标稳定速度为 v_α，所以，相对速度为 $[0, 2v_\alpha]$，其均值为 v_α，相对速度的概率密度函数可描述为

$$f_k\left(\left|\boldsymbol{k}_m\right|\right) = \frac{\left|\boldsymbol{k}_m\right|}{\left(v_\alpha\sqrt{\frac{2}{\pi}}\right)^2} e^{-\frac{\left|\boldsymbol{k}_m\right|^2}{2\left(v_\alpha\sqrt{\frac{2}{\pi}}\right)^2}} = \frac{\pi\left|\overrightarrow{\boldsymbol{k}_m}\right|}{2v_\alpha{}^2} e^{-\frac{\pi\left|\boldsymbol{k}_m\right|^2}{4v_\alpha{}^2}} \qquad (3\text{-}13)$$

连接概率模型如下：图 3-15 所示，一旦节点 w 移动到节点 u 的可通信范围 R 内，可以认为两者的链路是可以连接的。将连接距离进行离散化，即 R 被等分为 n 份区间，所以 $R = n$。在 $[(i-1)\lambda, i\lambda]$ 内，当前状态为 R_i，代表当前两个随机节点的距离为 R_i。由于节点的移动性，节点之间的连接距离在每个时间步长都会发生变化，所以，用概率矩阵来表示连接状态的变化过程。其中，P_{ij} 为在单个时间步长之后从 R_i 到 R_j 的状态转换概率。注意，当相关距离大于 R 时，两个相对节点不连接。因此，采用离散的状态转换方法，通过计算 R 中两个节点间相对距离的逗留时间和转移概率，可以获得所需的连接信息。

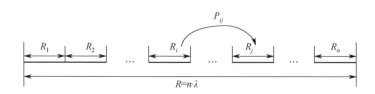

图 3-15　连接概率模型

考虑到节点运动时间及状态都是离散的，所以，结合节点运动参数的半马尔可夫特性，本书提出了用于描述两个相对运动状态转换过程的马尔可夫链模型，其中一步状态转移概率可以表示为

$$P_{ij} = \Pr\left(\boldsymbol{r}_m \in R_i \middle| \boldsymbol{r}_{m-1} \in R_i\right) \tag{3-14}$$

由于节点运动的随机性，在每个时刻可能会发生不同的状态转移，每种状态转移的概率不同，这里只考虑可以连接的概率，所以，一步状态转移矩阵可以表示为

$$\boldsymbol{P} = \begin{bmatrix} P_{11} & \cdots & P_{1n} \\ \vdots & \ddots & \vdots \\ P_{n1} & \cdots & P_{nn} \end{bmatrix} \tag{3-15}$$

下一步的状态变化与当前时刻的状态有关，所以，若想得到将来状态的变化，必须明确当前时刻所处的状态，将初始时刻节点所处的状态概率矩阵表示为

$$\boldsymbol{\varGamma}^{(0)} = \begin{bmatrix} 0 & \cdots & 1 & \cdots & 0 \end{bmatrix} \tag{3-16}$$

其中 $\boldsymbol{\varGamma}^{(0)}$ 表示初始时刻无人机之间的连接状态概率矩阵。用 $\boldsymbol{\varGamma}(i)$ 表示在初始时刻 R_i 处的连接概率。在通常情况下，当前状态是已知的，如果当前状态处于 R_i 处，将初始概率矩阵表示为 $\boldsymbol{\varGamma}(i)^{(0)}$，经过 m 步后，两个无人机节点相对位置可能处在不同状态，可以由如下转换算法获得位置状态的概率矩阵：

$$\begin{aligned} \boldsymbol{\varGamma}(i)^{(m)} &= \boldsymbol{\varGamma}(i)^{(0)} \boldsymbol{P}^m \\ &= \begin{bmatrix} \boldsymbol{\varGamma}(1)\boldsymbol{P}_1^m & \cdots & \boldsymbol{\varGamma}(i)\boldsymbol{P}_i^m & \cdots & \boldsymbol{\varGamma}(n)\boldsymbol{P}_n^m \end{bmatrix} \\ &= \begin{bmatrix} \boldsymbol{0} & \cdots & \boldsymbol{P}_i^m & \cdots & \boldsymbol{0} \end{bmatrix} \end{aligned} \tag{3-17}$$

式中，$\boldsymbol{P}_i^m$ 表示状态转移概率矩阵 $\boldsymbol{P}$ 的 m 次方的第 i 个列向量。经过 m 个时隙，初始状态在 R_i 处时，两节点可以连接的概率称为连接概率，表示为

$$C_{uw}^m = \sum_{i=1}^n \boldsymbol{\varGamma}(i)^m \tag{3-18}$$

其中，一步状态转换概率可以用状态转移密度函数表示为

$$P_{ij} = \int_{(j-1)\lambda}^{j\lambda} \int_{(i-1)\lambda}^{i\lambda} f_{|i_m||i_{m-1}|}\left(\left|\boldsymbol{r}_m\right| v \middle| \boldsymbol{r}_{m-1}\right|\right) \mathrm{d}\left|\boldsymbol{r}_{m-1}\right| \mathrm{d}\left|\boldsymbol{r}_m\right| \tag{3-19}$$

这里的状态转移概率密度函数可以转换为速度和方向的相关函数，即

$$f\left(\left|\boldsymbol{r}_m\right|\boldsymbol{I}\left|\boldsymbol{r}_{m-1}\right|\right)=\int_0^{2(\nu_k+\delta_r)}f_{\left|\boldsymbol{r}_m\right|\left|\boldsymbol{r}_{m-1}\right|\cdot K_{mp}}\left(\left|\boldsymbol{r}_m\right|\big|\left|\boldsymbol{r}_{m-1}\right|,\left|\boldsymbol{k}_m\right|\right)\cdot f_k\left(\left|\boldsymbol{k}_m\right|\mathrm{d}\left|\boldsymbol{k}_m\right|\right)$$

$$=\int_0^{2(k_w+\delta_v)}f_{\theta_m}(\theta)\cdot\left|\frac{\partial\theta_m}{\partial\left|\boldsymbol{r}_m\right|}\right|\cdot f_k\left(\left|\boldsymbol{k}_m\right|\mathrm{d}\left|\boldsymbol{k}_m\right|\right) \tag{3-20}$$

$$=\int_0^{2(k_w+\delta_n)}\frac{\left|\boldsymbol{r}_m\right|f_k\left(\left|\boldsymbol{k}_m\right|\mathrm{d}\left|\boldsymbol{k}_m\right|\right)}{\theta_\alpha\sqrt{4\left|\boldsymbol{r}_m\right|^2\left|\boldsymbol{k}_m\right|^2-\left(\left|\boldsymbol{r}_{m-1}\right|^2+\left|\boldsymbol{k}_m\right|^2-\left|\boldsymbol{r}_m\right|^2\right)^2}}$$

式中，δ_v 是误差常量，根据式（3-8）中的概率密度函数可得到状态转移概率为

$$P_{ij}=\int_{(j-1)\lambda(i-1)\lambda}^{j\lambda}\int_0^{i\lambda}\frac{2\left|\boldsymbol{r}_m\right|}{\pi\theta_\alpha\sqrt{4\left|\boldsymbol{r}_m\right|^2\left|\boldsymbol{k}_m\right|^2-\left(\left|\boldsymbol{r}_{m-1}\right|^2+\left|\boldsymbol{k}_m\right|^2-\left|\boldsymbol{r}_m\right|^2\right)^2}}\cdot\frac{\pi\left|\boldsymbol{k}_m\right|}{2v_\alpha^2}\mathrm{e}^{\frac{\pi\left|\boldsymbol{k}_m\right|^2}{4v_\alpha^2}}\mathrm{d}\left|\boldsymbol{k}_m\right|\mathrm{d}\left|\boldsymbol{r}_{m-1}\right|\mathrm{d}\left|\boldsymbol{r}_m\right|$$

$$\tag{3-21}$$

由上述概率预测模型可以看出两个无人机之间的连接概率与无人机的初始状态、目标速度密切相关。本书为减小分析的复杂度，没有对概率模型进行仿真实验，而是选择根据无人机的运动模型来统计分析无人机的连接概率与初始状态、目标速度之间的相关性。通过 MATLAB 仿真无人机的运动模型，可以得到两个无人机之间的距离变化信息，从而统计两个无人机之间的距离在可通信范围内的连接，进而得到连接概率。

下面将通过无人机运动模型的仿真实验来分析无人机之间的连接概率的影响因素。无人机的固定参数设置如表 3-5 所示。为了准确预测无人机之间的连接概率，必须根据前面所述的连接预测模型选择合适的时隙进行连接概率预测，这里选择的时隙大小为 100s，也是网络中数据发送的时隙。通过改变两个无人机之间的初始距离、以及它们的目标速度大小和方向来分析连接概率变化。

表 3-5 无人机的固定参数设置

ς	R	$\varLambda$	δ_v
0.1	30km	2km	2m/s

为了验证概率预测模型的可用性，我们做了 1000 次马尔可夫运动，并在

每个时隙统计出两个无人机之间的相对距离。当相对距离在可通信范围内时，视为相互连接。通过统计在每个相同时隙的相对距离在 30km 以内的次数占比，即可求得连接概率。下面将统计值与本章推导的连接概率模型的理论值进行对比。将两个无人机的初始位置分别设在(0,0)和(5,5)处（初始相对距离大约 7km），将 v_α 设置为 5km/min，θ_α 每个时隙设置为 100s，如图 3-16 所示。可以看出，统计值与仿真值没有较大的差距，证明连接概率模型能够用来预测两个无人机之间的连接情况。

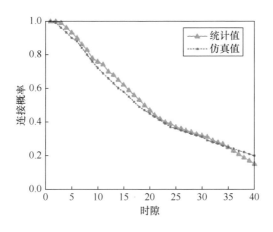

图 3-16　统计值与仿真值对比

图 3-17 和图 3-18 表示了在不同初始位置 (x_1, y_1) 和 (x_2, y_2) 和不同的目标速度条件下，两个无人机之间的连接概率随时间的变化情况。其他参数设置如图 3-18 所示。图 3-17 所示为两个无人机在 20 个时隙（每个时隙 100s）内连接概率变化的情况。注意，此处设置相同的无人机参数，可以看到无人机之间的连接概率与初始位置密切相关：如果初始相对距离小于 30km，则连接概率随着时间的增大从 1 逐渐减小；如果初始相对距离大于 30km，则连接概率会随着时间的增大逐渐由 0 开始增加。同时，可以看出，当目标方向都为 $\pi/3$ 时，目标速度 v_α 越大，连接概率变化越快。主要是由于目标速度越大，两个无人机之间的相对速度的均值越大，从而导致两者之间的距离变化越快，进一步影响连接概率变化的速度。当初始相对距离小于 30km，即初始状

态为连接状态时，连接概率从 1 开始逐渐降低。然而，当初始距离大于 30km
时，连接概率从 0 增加到最大值，然后缓慢降低。当两者相对较远时，两者
的连接概率会出现一个峰值，这主要是因为无人机的运动方向正在发生变
化，相对距离会出现最小值，即连接概率会有一个最大值。如图 3-18 所示，
可以得到不同初始位置、不同目标方向、以及相同的目标速度条件下，连接
概率随时间变化的情况。由图 3-18 可以看出速度的方向对连接概率的影响是
非线性的。在初始阶段，目标方向值越小，方向变化越慢，从而使连接概率
变化较慢。但是，由于方向的变化是一个累积的过程，经过一段时间，两个
无人机之间的相对方向会接近 2π，具有较大的目标方向值的无人机会首先到
达与相对方向角接近 2π 的位置，所以，在累积方向变化到接近 2π 时，两者
的速度方向一致，相对距离变化较慢，从而导致连接概率变化缓慢。当两者
的相对角度接近 π 时，两者的运动速度朝相反的方向运动，两者相对距离
变化越快，从而使连接概率变化较快。此外，当初始位置小于 30km 时，
连接概率从 1 开始变化；当初始位置大于 30km 时，连接概率从 0 开始变
化，逐渐增大到一个峰值，然后逐渐下降。

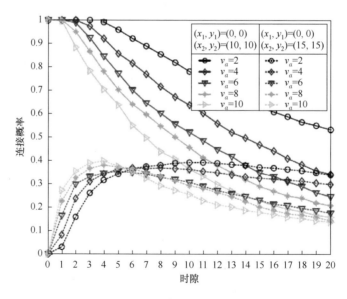

图 3-17　不同 v_α 下无人机连接概率的变化情况

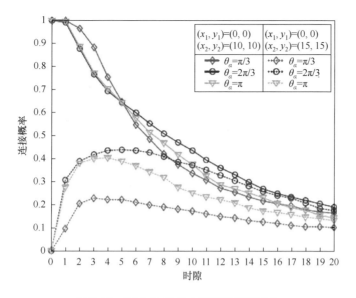

图 3-18　不同 θ_α 的无人机连接概率变化

由图 3-17 和图 3-18 可知，无人机之间的连接概率的变化情况与两者的初始位置和匀速保持的速度和方向有关。通过设置一定的初始状态值，可以根据概率预测模型来预测将来时隙的连接情况。

CGR 算法可以获得从源节点到目的节点的路径集合，如图 3-19 所示。可以通过卫星的轨道方程预先得到确定连接的开始和结束时间，并且从子时隙的连接预测模型获得不确定的连接，为了区分确定连接和不确定连接，本书提出了连接概率（例如，在图 3-19 中，A 和 D 的连接概率为 0.8，而 D 和 E 的连接概率为 1）作为路由的一个参考指标。另外，对于确定的网络，每个连接的开始时间和结束时间（如图 3-19 所示，D 和 E 之间的 100～800 表示 D 和 E 的连接开始时间为第 100s 时刻，结束时间为第 800s 时刻）作为路由的另一个重要参考指标。C 和 D 是无人机网络与卫星网络连接的两个网关节点。如果要找到从 A 到 K 的最优路径，则需要根据连接概率分别找到从 A 到 C 和从 A 到 D 两条最优路径。同时，根据连接时间，从 C 和 D 分别找到最佳路径到 G。对于网络的非确定性部分，可以预测任何时隙内的连接概率。然而，对于确定性网络，由于每个路径邻居节点的连接时间是不同的，所以，可能会在某些时间段没有路径。例如，如果 Bundle 在第 1000s 到达节点 C，而此时 C 节点没有邻居节点，典型的 Dijkstra 算法在这种情况下找不到一条最佳路径，会将信息存储在 C 节点，等待 C 节点连通后选择 $C{\rightarrow}G{\rightarrow}I$ 路径进行转发，但到达 I 节点时不能将数据转发到目的节点。所以，需要设计一种具有预测机制的选择策略，本书提出了马尔可夫决策路由算法，寻找最优路径。

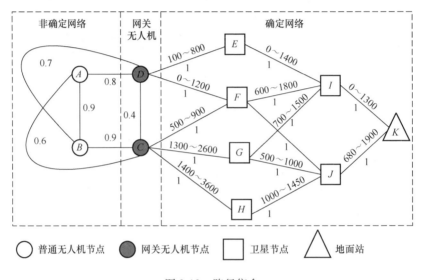

图 3-19   路径集合

马尔可夫决策过程是一种基于马尔可夫过程的具有随机动态特点的最优决策过程。针对混合网络最佳路径选择的问题，定义了一个集合 {S, A, P, OP} 来表示路由决策过程，其中，S 为状态空间，A 为行为空间，P 为状态转移概率，OP 为目标函数，下面对集合中的各元素进行具体定义。

（1）状态空间。状态空间包含一系列的状态集，其中每个状态集严格对应于通过 CGR 算法获得的从源节点到目标节点的每条备选路径中的每跳节点。例如，第一跳节点属于状态集合 S_1，第 N 跳节点属于状态集合 S_N，考虑到每跳的每个节点都有不同的邻居节点，所以，每个状态集合都有不同的子集。可以把第 NH 跳的第 m 个节点的状态空间表示为 S_{NH}^m。

（2）行为空间。行为空间用 $A_{k-1,\,k}^{ij}$ 表示节点 i 到节点 j 的策略。

$A^{ij}_{k-1,k}=0,1,-1$ 分别表示 Bundle 的等待、加入备选和丢弃 3 种不同的决策。在无人机网络中，路由决策是由概率主导的，其中在概率阈值为 ξ 的条件下，第 m 个时隙的决策如式（3-22）所示，其中，C^m_{ij} 表示第 m 个时隙节点 i 与节点 j 之间的连接概率

$$A^{ij}_{\mathrm{NH-1,NH}} = \begin{cases} 1, & C^m_{ij} \geqslant \xi \\ -1, & C^m_{ij} < \xi \end{cases} \tag{3-22}$$

在由网关和节点组成的无人机网络中，决策是由时间和当前时间满足不同的条件决定的，具体如下：

$$A^{ij}_{\mathrm{NH-1,NH}} = \begin{cases} 0, & T_0 + \sum_{k=1}^{\mathrm{NH-1}} T_{k-1,k} < m^{i\,\mathrm{start}}_{\mathrm{NH-1,NH}} \\ 1, & m^{ij\,\mathrm{start}}_{\mathrm{NH-1,NH}} \leqslant T_0 + \sum_{k-1}^{\mathrm{NH-1}} T_{k-1,k} \leqslant m^{ij\,\mathrm{end}}_{\mathrm{NH-1,NH}} \\ -1, & T_0 + \sum_{k=1}^{\mathrm{NH-1}} T_{k-1,k} > m^{ij\,\mathrm{end}}_{\mathrm{NH-1,NH}} \end{cases} \tag{3-23}$$

式中，T_0 表示传输开始时间，$T_{k-1,k}$ 表示 Bundle 从第 $k-1$ 跳转到第 k 跳的传输时间，$m^{ij\,\mathrm{start}}_{k-1,k}$ 和 $m^{ij\,\mathrm{end}}_{k-1,k}$ 分别表示第 $k-1$ 跳的第 i 个节点与第 k 跳的第 j 个节点连接开始时间和连接结束时间。

（3）状态转移概率。状态转移概率 $P^{ij}_{\mathrm{NH-1,NH}}$ 表示从第 NH‐1 跳的第 i 个节点转移到第 NH‐1 跳的第 j 个节点的概率，可以通过式（3-23）得到。在确定网络中，状态转移概率为 1 或 0；在不确定网络中，状态转移概率可以通过连接概率预测模型得到。

（4）目标函数。本书中涉及的混合网络模型包括确定网络和不确定网络，所以，目标函数分为两种：最大概率和最早到达时间。在不确定网络中，选择从源节点到网关节点具有最大连接概率的最可靠路径，最大连接概率可以表示为

$$\mathrm{OP}(P_{0,N}) = \max \left(\prod_{\mathrm{NH}=1}^{N} P_{\mathrm{NH}-1,\mathrm{NH}}^{ij} \right), \quad i \in S_{\mathrm{NH}-1}, \quad j \in S_{\mathrm{NH}} \qquad (3\text{-}24)$$

式中，$P_{\mathrm{NH}-1,\mathrm{NH}}^{ij}$ 表示第 NH–1 跳的节点 i 与第 NH 跳的节点 j 的连接概率。在确定网络中，由于状态转移概率为 1 或 0，用概率作为评价指标是不妥的，所以，本书提出了最早到达时间指标，可以表示为

$$\mathrm{OP}(T_{0,N}) = \min \left(\sum_{\mathrm{NH}=1}^{N} T_{\mathrm{NH}-1,\mathrm{NH}}^{i,j} \right), \quad i \in S_{\mathrm{NH}-1}, \quad j \in S_{\mathrm{NH}} \qquad (3\text{-}25)$$

这里的 $T_{\mathrm{NH}-1,\mathrm{NH}}^{ij}$ 表示从第 NH–1 跳的第 i 个节点传输到第 NH 跳的第 j 个节点的一跳传输总时延。

上文已经讲述了在 DTN 协议中 Bundle 的基本传输过程，在典型的 Bundle 传输过程中，先计算出 Segment、RS（Report Segment）及 EOB 的正确传输时间，然后计算出它们的重传时间，从而得到传输总时延。本章提出了一种优化计算方法，将最后一个 Segment 作为检验数据块，通过计算 Segment 和 RS 的平均传输次数，即可得到总时延。其传输模型如图 3-20 所示。

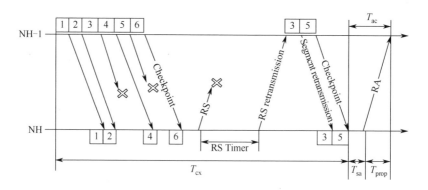

图 3-20 Bundle 的一跳传输过程

通常，人们用一个 Bundle 的每跳传输时间之和来计算一条路径的传输时间。本书中，考虑了空天环境的复杂性，各节点之间等待连接时间为一条路径传输总时间的重要组成部分。所以，在计算传输总时间时考虑了等待连接时间，简化了每跳传输时间的计算模型。将单跳总时延定义为等待时间 Δt

和传输时间 $D_{\mathrm{NH-1,NH}}^{ij}$ 之和，即

$$T_{\mathrm{NH-1,NH}}^{i,j} = T\left(S_{\mathrm{NH}}^{j} \middle| S_{\mathrm{NH-1}}^{i}\right) = D_{\mathrm{NH-1,NH}}^{ij} + \Delta t, \quad i \in S_{\mathrm{NH-1}}, j \in \mathrm{SNH}, \mathrm{NH} = 1\cdots \quad (3\text{-}26)$$

其中，等待时间 Δt 取决于决策行为，具体如下：

$$\Delta t = \begin{cases} 0 & , \quad A_{\mathrm{NH-1,NH}}^{ij} = 1 \\ m_{\mathrm{NH-1,NH}}^{ij\,\mathrm{start}} - \left(T_0 + \sum_{k=1}^{\mathrm{NH-1}} T_{k-1,k}^{m,n}\right) & , \quad A_{\mathrm{NH-1,NH}}^{ij} = 0 \\ \infty & , \quad A_{\mathrm{NH-1,NH}}^{ij} = -1 \end{cases} \quad (3\text{-}27)$$

$$i \in S_{\mathrm{NH-1}}, j \in S_{\mathrm{NH}}, m \in S_{k-1}, n \in S_{k+1}, \mathrm{NH} = 1\cdots$$

根据上述对马尔可夫决策过程的定义，将算法分为两大部分：无人机网络部分和确定连接网络部分。由上述分析可知，对于无人机网络，可以根据无人机之间的运动状态，预测无人机在每个时隙的连接情况，用集合 Ω_1 表示。将最大连接概率及最早到达时间分别作为算法 I 和算法 II 的目标函数，进行最佳路径选择。对于无人机网关与卫星节点组成的网络，可以由其先验知识得到连接图，从而根据 CGR 算法得到无人机网关节点到目的节点的路径集，用集合 Ω_2 表示。将这些预测和先验的连接参数 Ω_1 和 Ω_2 分别作为算法 I 和算法 II 的输入，其中，S_0 表示源节点，D 表示目的节点，G 表示网关节点，CALCULATE_P 表示计算两节点之间的连接概率，CALCULATE_T 表示计算一跳传输时延，同时根据以上公式推导可以得到最优时间和最优概率值，即算法中的 CALCULATE_OP(T_{0,N_G}) 和 $P_{\max} \leftarrow$ CALCULATE_OP(P_{0,N_G})，算法中的 FIND_PATH 功能是找到目标函数最大的路径。下面将对这两个算法进行详细介绍。

在无人机网络中，无人机间的连接状态是由无人机当前的运动状态决定的，在不同时隙各连接状态如图 3-21 所示。其中，A_i 表示标号为 i 的无人机，$C_{i,j}^m$ 表示无人机 i 与无人机 j 在第 m 个时隙的连接概率。在每个时隙都可以预测出每个无人机之间的连接概率。同时，无人机网络中的连接概率是随时间更新的。在已知当前无人机之间的连接状态时，可以预测出将来时隙的

各无人机之间的连接情况。在进行路径选择时，根据预测到达当前节点的时间来判断将来的链路是否满足条件，从而选择合适的下一跳节点。无人机网络与卫星网络的不同之处在于，无人机网络随时间更新连接概率，而卫星网络是随拓扑的变化而更新连接时间的。所以，针对无人机网络的连接特性及更新情况来设计无人机网络路由算法。

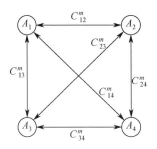

图 3-21　无人机连接状态

表 3-6 所示为马尔代夫决策路由——无人机网络部分。算法 I 中设计了一种针对无人机网络，寻找从源节点到网关节点的最优路径的算法。在无人机网络中，其连接是根据当前运动状态决定的，相对于卫星网络，无人机之间的连接距离较小，路径对传输时延的影响较小，所以，决定网络性能的主要是连接概率。在此算法中首先分析当前时刻处于哪个时隙，以及根据当前状态可以预测将来时隙中各无人机之间的连接概率，通过概率阈值分析和目标函数来选择路径。将连接概率作为路径的衡量指标，计算的目标函数是指从源节点到网关节点路径的最大连接概率，可以通过式（3-25）和式（3-27）得到。在无人机网络中，路由算法主要是先根据概率阈值选择备选路径，然后根据最大连接概率选择最佳路径。所以，在此网络的马尔可夫决策路由中，将各无人机节点视为不同的状态，连接概率作为状态转移概率，根据连接概率是否满足阈值条件，将路由决策分为转发和丢弃。目标函数为最大连接概率，找到目标函数最大的路径即算法的输出路径 pth，同时返回最大连接概率 $P_{\max}$ 和传输时间 T_G。注意，如果网络中存在多个网关节点，则要分别调用此算法，以得到不同网关节点的最佳路径。算法详细过程如表 3-6 所示。

表 3-6　马尔可夫决策路由——无人机网络部分

算法 I　马尔可夫决策路由——无人机网络部分
1：**INPUT:** $S_0, G, \Omega_1, T_0, N_G, \Delta t$
2：**OUTPUT:** $P_{\max}, T_G, \text{pth}$
3：pth $\leftarrow S_0$; NH $\leftarrow 1$; $T \leftarrow T_0$
4：**For** NH $= 1; N_G$
5：**For each** node $j = 1, \cdots, N \in S_{\text{NH}}$ and $i = 1, \cdots, N \in S_{\text{NH}-1}$
6：$(m-1)\Delta t \leqslant T \leqslant m\Delta t$
7：$C_{ij}^m \leftarrow$ CALCULATE $C(x_i, y_i, x_j, y_j, v_0, \theta_0, \tau)$
8：**If** $C_{ij}^m < \xi$
9：　　　$A_{\text{NH}-1, \text{NH}}^{ij} = 1$
10：　　**return false**
11：**else**
12：　　$A_{\text{NH}-1, \text{NH}}^{ij} = 1$
13：　　$T_{\text{NH}-1, \text{NH}}^{i, j} \leftarrow$ CALCULATE $T(L_b, L_{\text{seg}}, L_{\text{shead}}, L_{\text{RA}}, R, T_{\text{prop}}, T_{\text{ran}}, P_e)$
14：**End if**
15：**End for**
16：　　　NH $=$ NH$+1$
17：**End for**
18：$T \leftarrow$ CALCULATE_OP(T_{0, N_G})
19：$P_{\max} \leftarrow$ CALCULATE_OP(P_{0, N_G})
20：pth $\leftarrow$ FIND_PATH$(P_{\max})$
21：**return** $P_{\max}, T, \text{pth}$

在算法 II 中，考虑的是在卫星与无人机网关组成的网络路由选择问题，状态集合为此网络中的节点。从无人机网关节点到目的节点的路径中的状态转移概率等于 0 或 1。由于卫星之间的连接时间可以通过轨道方程提前预知，卫星与无人机网关节点之间的连接可以通过卫星与无人机网关之间的覆盖情况得到。

由于在此网络中，端到端的路径是很难实时存在的，经常会造成无限等待状态，使得数据在一定时间内无法被成功接收。如图 3-22 所示，当转发的 Bundle 存储在 S_1 节点时，需要寻找下一跳路径，由 CGR 算法可以得到节点 S_1 的邻居节点与其他各节点的连接情况。Bundle 到达 S_1 节点的时刻为 T_{S_1}，若 T_{S_1} 在 S_1 与 S_2 的链路连接时间范围内，则可通过到达时间预测模型估计出

到达 S_2 节点的时间 T_{S_2}，由于在 S_1 节点可以知道 S_1 的邻居节点的所有连接情况（S_2 与任意节点的连接情况），可以判断 S_2 是否能够在 T_{S_2} 时刻以后存在连接，若存在可用连接，则将信息转发给 S_2，若在 T_{S_2} 的将来时刻不存在任何连接，则不能将消息转发给 S_2，需要对 S_1 的其他邻居节点的连接情况进行分析。若 T_{S_1} 不在 S_1 与 S_2 的链路连接时间范围内，则需要判断是否符合等待条件，如果可以等待，则需要等待 $m_{S_1S_2}^{\text{start}} - T_{S_1}$ 的时间后重复上述分析步骤，否则丢弃该 Bundle。

图 3-22　确定连接

根据连接时间预测是否转发该 Bundle，如果当前时间不能转发，可以根据等待连接时间的长短，来决定是否丢弃该信息。所以，卫星网络中的决策策略可以分别为等待、转发和丢弃 3 种类型，目标函数为最早的到达时间，T_Z 依据目标函数进行路径选择。在这里，下一跳决策取决于通过这一跳的时刻及将来的连接状态。根据 CGR 算法，可以得到路径的最大跳数 N_Z，只需要根据各阶段的决策来分析到达时间。此算法是在算法 Ⅰ 的基础上先得到源节点到网关节点的路径pth，从而进一步选择后续路径来更新 pth。基于马尔可夫决策路由确定连接的路由选择算法，具体如表 3-7 所示。

表 3-7　马尔可夫决策路由——卫星网络部分

算法 Ⅱ　马尔可夫决策路由——卫星网络部分
1：**INPUT:** $G, D, \Omega_2, T, N_G, N_Z, \text{pth}$
2：**OUTPUT:** pth, T_Z
3：$T_0 \leftarrow T$
4：**For** $\text{NH} = N_G : N_Z$
5：**For each** node $j = 1, \cdots, N \in S_{\text{NH}}$ and $i = 1, \cdots, N \in S_{\text{NH}-1}$
6：**If** $m_{\text{NH}-1, \text{NH}}^{ij\,\text{start}} \leqslant T_0 + \sum_{k=1}^{\text{NH}-1} T_{k-1, k} \leqslant m_{\text{NH}-1, \text{NH}}^{ij\,\text{end}}$
7：$T_{\text{NH}-1, \text{NH}}^{i,j} \leftarrow \text{CALCULATE\_T}(L_b, L_{\text{seg}}, L_{\text{shend}}, L_{\text{RA}}, L_{\text{RS}}, R, T_{\text{prop}}, T_{\text{ran}}, P_e)$
8：**If** $T_{\text{NH}-1, \text{NH}}^{ij} \leqslant m_{\text{NH}, \text{NH}+1}^{ij\,\text{start}}$ or $m_{\text{NH}, \text{NH}+1}^{ij\,\text{start}} < T_{\text{NH}-1, \text{NH}}^{i,j} < m_{\text{NH}, \text{NH}+1}^{ij\,\text{end}}$

9:　$A_{\text{NH}-1,\text{NH}}^{ij} = 1$

10:　**else**

11:　$A_{\text{NH}-1,\text{NH}}^{ij} = -1$

12:　**End if**

13:　**else if** $T_0 + \sum\limits_{k=1}^{\text{NH}-1} T_{k-1,k} < m_{\text{NH}-1,\text{NH}}^{ij\,\text{start}}, i \in S_{k-1}, j \in S_k$

14:　$A_{\text{NH}-1,\text{NH}}^{ij} = 0$

15:　waiting $\Delta t = m_{\text{NH}-1,\text{NH}}^{ij\,\text{start}} - \left(T_0 + \sum\limits_{k=1}^{\text{NH}-1} T_{k-1,k}^{m,n} \right)$

16:　**else**　$A_{\text{NH}-1,\text{NH}}^{ij} = -1$

17:　**End if**

18:　**End for**

19:　$\text{NH} \leftarrow \text{NH}+1$

20:　**End for**

21:　$T_Z \leftarrow \text{CALCULATE\_OP}(T_{\text{NG,NZ}})$

22:　$\text{pth} \leftarrow \text{pth} + \text{FINDPATH}(T_Z)$

23:　**return**　pth, T_Z

　　基于马尔可夫决策的混合 DTN 路由算法与传统 CGR 算法中的 Dijkstra 算法的复杂度是不同的。由于本书所设计的算法是将整个混合网络分为两部分进行分析，在分析不确定连接的无人机网络中只需要遍历无人机节点，将无人机的数量设为 n_1，由算法 I 可知其算法复杂度为 $O(n_1^2)$。在确定连接的网络中，只需要遍历卫星节点和网关无人机节点，将它们的数量设为 n_2，由算法 II 可知其算法复杂度为 $O(n_2^2)$。将网络中的节点总量设为 n，$n = n_1 + n_2$，对于传统的 Dijkstra 算法，可知在整个混合 DTN 中的算法复杂度为 $O(n^2)$。由于 $O(n^2) \geqslant O(n_1^2) + O(n_2^2)$，所以，在混合 DTN 中，基于马尔可夫决策的最佳路由算法的复杂度比传统 Dijkstra 算法的复杂度要小，本书所涉及的仿真主要分为 3 部分：网络环境的仿真、算法仿真和传输仿真。通过数值计算软件（MATLAB）、卫星仿真工具（Satellite Tool Kit，STK）及星际互联网实验平台（Interplanetary Overlay Network，ION）进行算法的仿真验证，其系统框架如图 3-23 所示。其中，网络环境的仿真通过 MATLAB 设置网络中各节点的参数，通过 STK 的 MATLAB 接口将各参数导入 STK，通过装有 STK 程序的计算机生成确定网络的连接报告,同时通过 MATLAB 对不确定网络连接的概率进行预测,得到非确定网络连接的情况,并通过 STK 生成卫星对任务区以及卫星与卫星的连接情况,通过这 3 种连接报告构建网络拓扑图。然后,利用 MATLAB 和得到的混合网络连接图,进行路由算法的仿真,可以得到最佳路径及传输时延。为了验证时延的可行性,通过 ION 平台在 Linux 系统上通过多个虚拟机来模拟卫星、无人机及地面节点,根据 MATLAB 算法仿真得到的路径进行数据传输,在 ION 平台中,可以设置时延及丢包率,还有链路容量控制来模拟真实的网络环境。

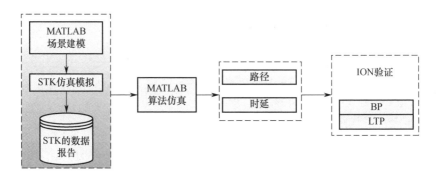

图 3-23　仿真系统框架

　　STK 在空间信息网络建模中起到了不可替代的作用。它可以在深空、天基、临近空间、空基及陆地各层进行二维、三维网络建模及分析。本书中使用 STK 对卫星/无人机混合网络进行网络模型仿真,通过 MATLAB 输入不同的卫星轨道参数、无人机位置、速度参数及地面站信息等来得到混合网络的拓扑分析报告。拓扑的连接信息在 STK 中是以矩阵的形式表现的,每相邻两行间的数据均相隔一个步长的时间,每列表示的信息不同,主要包含各节点之间的连接时间和连接距离等信息。在本书的实验中,STK 生成报告的时间间隔为 60s。

　　ION 是美国喷气推进实验室(Jet Propulsion Laboratory,JPL)开发的一种专门用于星际互联网通信的 DTN 网络 BP 协议实现。该软件平台配置多种协议,可以使用相应的代码来调用 LTP 进行数据传输。ION 自带的协议簇,如图 3-24 所示。本书利用这款软件来实现 BP 层和 LTP 层协议的数据传输功能，它也可以兼容 AMS、CFDP 等协议。可以根据 STK 得到的拓扑信息配置节点，同时可以调用 ION 自带的协议，也能依据自己的需求来配置协议。启动 ION 后，可以设置转发数据的传输参数大小，也可以手动配置信道参数来模拟真实环境，各节点都可以实现对通过本节点的数据进行抓包绘图的功能。在 ION 中，可以根据自己的需求来选择是否要开启 CGR 功能。

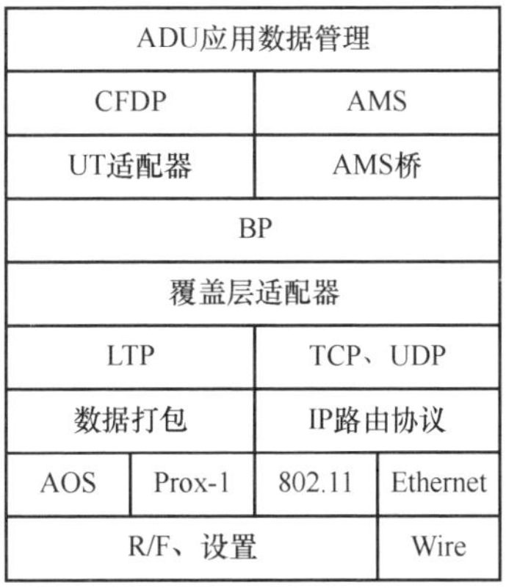

ADU应用数据管理			
CFDP		AMS	
UT适配器		AMS桥	
BP			
覆盖层适配器			
LTP		TCP、UDP	
数据打包		IP路由协议	
AOS	Prox-1	802.11	Ethernet
R/F、设置			Wire

图 3-24　ION 中集成的协议簇

为了验证此算法的普适性，将考虑两种场景，即无人机与低轨卫星的 (UAVs/LEO) 混合网络、无人机与多层卫星（UAVs/LEO/MEO/GEO）混合网络。在这两种混合网络场景中，将无人机任务区（主要监测区域）的范围设定在（43°～45°N，120°～125°E）2 个网关无人机节点和 6 个普通无人机节点均匀分布在给定的任务区内，无人机飞行高度为 18000m，任务区遥感监测的信息通过混合网络传回地面。无人机的目标速度为 10km/min，目标方向为 $\pi/2$。运用概率预测方法来求得无人机之间的连接概率，其固定参数设置如表 3-8 所示。

UAVs/LEO 混合网络除包含无人机外，还包含 6 颗 LEO 中继卫星，并按照 Walker 星座（6/3/2）分布，其中，种子卫星位于高度为 1414km、倾角为 97°的圆形轨道上，地面站（GS）位于（46°N,123°E）。UAV/LEO/ MEO/GEO

混合网络中除无人机网络和地面站外，还包括多层卫星网络：①一颗轨道高度为 35000km、倾角为 97°的高轨（GEO）卫星；②两颗中轨（MEO）卫星分布为 Walker 星座（2/1/1），其中种子卫星是在 10000km 的高度以 60°倾角的圆轨道上运行；③三颗 LEO 卫星分布为 Walker 星座（3/1/1），其中种子卫星轨道高度为 1200km、倾角为 97°。

在本仿真实验中，通过 STK 建立网络模型，得到概率连接图中确定的连接信息，不确定的连接信息可以通过 MATLAB 结合预测模型得到。传输任务时间段为 09:00UTC～10:00UTC。参数如 表 3-8 所示，利用 MATLAB 实现算法的仿真，找到最佳路径并得到最早到达时间的理论值。由于 ION 是 DTN 协议的实现软件，可以将算法得到的路径配置在 ION 的节点信息中，通过设置与 MATLAB 算法仿真中相同的 Bundle 参数得到 Bundle 到达时间的实验值。

表 3-8　Bundle 参数

变量符号	值
$L_{seg}/L_{shead}/L_{RS}/L_{RA}$	1480/20/60/60（B）
T_{prop}	30ms
T_{timer}	60ms
R	2Mbps
T_{tran}	100ms

图 3-25 描述了在 UAVs/LEO 混合网络场景中，发送 100 个大小为 10KB 的 Bundle 到达时间理论值和实验值随数据传输开启时间的变化情况，其中误码率为10^{-6}。由图 3-25 能够看出，在初始阶段，随着时间的增加，最早到达时间不会明显增加，这表明最早到达时间与连接开启时间密切相关。在 0～300s 发送数据，最早到达时间几乎没有变化，这是由于它们等待节点连接，在这段时间内发送的数据都是在连接开启后才进行发送的。之后，随着时间的增加，到达时间也相应增加，这是因为预计到达时间取决于数据传输时间，这段时间链路是一直连接的，不需要考虑等待时间，发送的时间越晚，则越晚到达。值得注意的是，之所以在大部分时刻仿真值大于理论值，是因为理论模型没有考虑 Bundle 的排队时间，而 ION 自带的协议中会有 Bundle

的排队时间。当最早到达时间仅取决于传输时间时（不考虑等待连接时间），就会因为 Bundle 的排队转发造成仿真值大于理论值。而在水平曲线处，两种数值十分接近，这是因为 Bundle 最早到达时间不仅依赖于传输时间，还取决于连接等待时间，等待时间远远大于传输时间，并且在 Bundle 的参数设置一样的情况下两种到达时间几乎一致。总的来说，在传输 100 个大小为 10KB 的 Bundle 的到达时间仿真值与理论值具有较小差值。

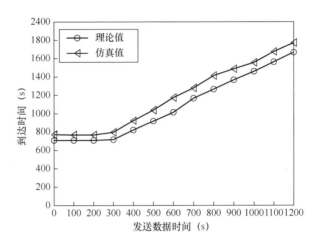

图 3-25　到达时间仿真值与理论值对比（100 个 Bundle）

图 3-26 描述了马尔可夫决策与 Dijkstra 算法在传输 100 个 5KB 大小的 Bundle 下传输时延的对比，误码率为 10^{-6}。该仿真在 40 个不同的时刻在 ION 平台做了 40 次实验。为方便统计，这里规定在 1000s 内未成功接收的 Bundle 的时延为 1000s。可以看出，Dijkstra 算法出现了 11 次传输时延为 1000s 的点，而马尔可夫决策只出现 1 次。这表明在这些出现时延峰值的时刻，Dijkstra 算法在有限时间内没有找到合适的路径完成信息传输。Dijkstra 算法没有等待机制，当不存在完整路径时，将信息存储在当前节点，当连接恢复时会选择合适的路径进行转发，但是割裂了网络全局性，很有可能信息存储在了一个不能与目的节点形成完整路径的节点中，所以，不能成功转发。对于马尔可夫决策，由于引入了动态分析的等待选择算法，因此，在没有完整路径的时刻可以根据等待时间分析机制来决策是否丢弃或

等待转发。在图 3-26 中马尔可夫决策出现了 3 次时延峰值,这表明在此时刻的等待时间已超过了 1000s 或者等待时间已超过了它的最大等待时间而选择了丢弃。图 3-26 中,在 Dijkstra 算法出现时延峰值处马尔可夫决策算法中的时延也明显变大,原因是在此时刻不存在完整链路而马尔可夫决策进行了等待,所以,传输时延明显变大。在非峰值时刻,两个算法的传输时延相差不大,这是由于在非峰值时刻存在完整的链路,两种算法都能找到全局最优的路径。

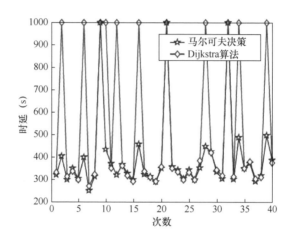

图 3-26　马尔可夫决策与 Dijkstra 算法的到达时间对比

3.2.2　时变图路由

一般来说,通过在有向图中建立一个骨干网可以建立多对多的全连通路径,保证所有的源节点通过所构建的骨干网都能到达目的节点。虽然在空间网络中采样离散时隙的方法可以构建多个有向图,但是若单时隙内本身网络的连通状态比较糟糕,则不能保证在这个时隙内可以成功构建连通支配集。因此,本章提出一种改进的连通支配集构建方法,称为 TCDS,目的是在时变网络拓扑中构建一个具有时间特性的稀疏子图,并满足此图的节点在时间和空间上均是连通的,其余节点也可通过该稀疏子图来相互连通。值得注意的是，时变网络中的连通性和静态网络中的连通性是不同的。在时变网络中，若任意节点对在时间周期内都存在至少一条路径，则说明是连通的。这保证了任意源节点可以在时间周期内将数据包传送给任意的目的节点。时变连通支配集和连通支配集最大的不同是：由时变连通支配集所组成的骨干网并不需要在单个时隙内保持连通性，只要能够在规定的任务时间内保持连通性即可。

基于网络的时变特性，在时空图和邻接矩阵的基础上，将时间因素并入经典连通支配集的一些基本属性内进行考量，来构建本章所要关注的时变骨干网。在结合经典连通支配集的基础上，给出几个和时变连通支配集相关的定义。

定义 1 时变连通支配集：给出一个在时隙 $[t_{sta}, t_{sta} + \lambda]$ 内的时变图 $\mathcal{G} = (\mathcal{V}, \mathcal{E})$，对一个子集 $\mathcal{V}' \in \mathcal{V}$，如果对 $\forall e(u_i^t, v_j^t) \in \mathcal{E}$，有 $u_i^t \in \mathcal{V}'$ 或者 $v_i^t \in \mathcal{V}'$，此外 $t \in [t_{sta}, t_{sta} + \lambda]$ 为真，同时，所有在集合 $\mathcal{V}'$ 的节点在时间段内 $[t_{sta}, t_{sta} + \lambda]$ 是连通的，则子集 $\mathcal{V}' \in \mathcal{V}$ 可以称为时变连通支配集。要指出的是，t_{sta} 是所给出的信息传输的开始时间，λ 指的是信息全部到达目的节点所需的时长。

定义 2 节点的连通性（Connectivity of Node）：若节点 u_i^t 和节点 v_i^t 在时间段 $[t_{sta}, t_{sta} + \lambda]$ 内存在至少一条路径，则可以定义这对节点是连通的。

定义 3 节点度 $D_t(u)$（Degree of Node）：在 $[t_{sta}, t_{sta} + \lambda]$ 时间段内，节点的邻居节点总数之和。

定义 4 边的权值 $V_t(e)$（Value of Edge）：任意节点对在 $[t_{sta}, t_{sta} + \lambda]$ 时间段内的连通时间。

基于以上定义，本书给出时变骨干网的描述：给定一个包含时间信息和空间信息的时空图，并在指定任意一个路由开始时间的时空图内寻找一个时变连通支配集，保证所有的卫星节点都可以通过由时变连通支配集所构成的骨干网进行通信。换句话说，时变连通支配集中的成员节点（包括支配节点和连接节点）就是时变骨干网中的骨干节点。在构建好的时变骨干网中，给定一个开始时间，则能够保证信息在任意节点之间传输。为了方便分析，假设信息只能在单时隙内单跳转发，故和单时隙的骨干网不同，时变骨干网是跨时隙建立的，而不仅在单时隙内。在卫星环境比较恶劣的情况下，通过时变连通支配集算法，可以在原始的卫星拓扑中选择时变骨干节点和相关的空间链路或者时间链路，来构成所需的时变骨干网，保证可以在目标时间范围内找到所有节点之间的完整端到端链路。

本章强调的是在动态多层网络中构建一个保证所有节点之间进行通信的路由，而不是寻找单个源节点到单个目的节点之间的最佳路径，也就是说，本章中所有相关算法的提出是为了提升卫星网络拓扑的整体路由性能，而不仅是找到单一的最优路径。另外，在时变网络中可以在每个时隙中采用经典的连通支配集算法来构造多个骨干网，并在给定的目标时间段内实现路由的建立，虽然实现起来比较简单，但是这种方法并不是整个网络拓扑周期内的最佳解决方案，会造成大量的链路冗余。所以，在给定的时间和空间范围内建立一个时变全局连通支配集是很有必要的，可以大大降低开销。

另外，本章所提出的基于时空图的时变连通支配集构建问题也是一个 NP-hard 问题。

证明如下：给定一个时空图 $\mathcal{G} = (\mathcal{V}, \mathcal{E})$，具体的时变连通支配集构造过程为：首先，假定 $v_1, v_2, \cdots, v_n$ 是时空图中的节点，通过单时隙内的连通支配集算法可以得到每个时隙内的支配节点。假设 D 是从骨干节点集 $V_{\mathrm{BN}} - i$ 到 $V_{\mathrm{BN}} - j$ 的所有路径中的最大路由跳数，这里 $i, j = 1, 2, \cdots, N$，由于所选择的骨干节点是基于一跳邻居节点信息选择的，所以，所有非骨干节点到非骨干节点的最大端到端路由跳数为 $D + 2$。在这 $D + 2$ 跳（也就是 $D + 2$ 个时隙）的第一个时隙内，所有的非骨干节点 v_i^0 理论上应保证接入骨干网。其次，从第二个时隙到倒数第二个时隙，则是根据设计好的时变连通支配集算法保证时变骨干网的连通性。最后，依照静态连通支配集的思想，建立支配节点和位于第 $D + 2$ 个时隙的所有节点 v_i^{D+2} 之间的连通性。基于上述在时空图上的操作可知，时变连通支配集是能够在多项式时间内完成的。通过上述的证明，时变连通支配集问题同样也是一个 NP-hard 问题。

图 3-27 所示为一个在多项式时间内构造时变连通支配集的例子。图中由虚线链路和相关的支配节点 $\{v_2^1, v_3^1, v_2^2, v_3^2, v_4^2\}$ 所组成的连通支配集即为依据本章算法所构成的时变骨干网，黑色的线段即为冗余的时间链路和空间链路。

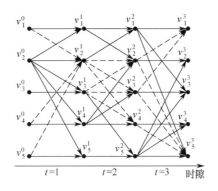

图 3-27　时变连通支配集构建实例

本章的路由算法依旧建立在时空图的基础上，相关的时空图算法已经介绍过，故在此不再赘述。另外，本章的卫星网络模型也同样选择三层卫星网络模型，具体的卫星参数在后续仿真结果分析中给出。在构建了网络模型后，考虑到 TCDS 问题是一个 NP-hard 问题，本节给出了一组近似最优算法来构建时变连通支配集，并给出相应的路由策略。基于时变连通支配集的路由方案如图 3-28 所示。首先对卫星网络建模，并通过 STK 软件得出卫星节点的连接时间表，并在此基础上建立时空图和邻接矩阵表，然后在时空图上设计时变连通支配集算法及相应的多径路由算法，并进行性能仿真。

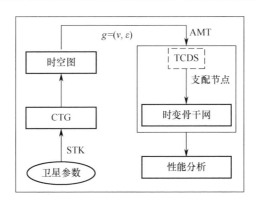

图 3-28　基于时变连通支配集的路由方案

在时变图及相应的邻接矩阵的基础上，本节给出了时变连通支配集的构造算法，算法伪代码如表 3-9 所示。其主要思想是通过静态连通支配集的算法，先在单时隙中选出该时隙内的支配节点集和相关的连接边集，接着根据给定的开始时间点和具体规则，在相关的支配点集和连接边集中选出合适的时变支配点和连接边，组成时变连通支配集。

表 3-9　时变连通支配集构造算法

算法　时变连通支配集构造算法
1:　**INPUT:** V_{BN}^T, Con T_BN^T, τ_{sta}, λ'
2:　**OUTPUT:** $\{\mathrm{tim}n v_{\mathrm{BN}}\}$
3:　$\{\mathrm{tim}v_{\mathrm{BN}}\} \leftarrow \varnothing$
4:　**If**（the number of $\{v_{\mathrm{BN}} - i\} = 1$）
5:　　$\lambda \leftarrow \mathrm{Floyd-Warshall}(\mathrm{Con}\ T\_\mathrm{BN}^{\tau_{\mathrm{sta}}})$
6:　　　　$\{\mathrm{tim}v_{\mathrm{BN}}\} \leftarrow \left\{V_{\mathrm{BN}}^{T_{\mathrm{start}}}, \tau_{\mathrm{sta}}, \lambda\right\}$
7:　**else if**（the number of $\{v_{\mathrm{BN}} - i\} > 1$）
8:　　　the number of $\{v_{\mathrm{BN}} - i\} = m$
9:　　　　$\lambda(0) = 0$
10:　　　**For**　$j = 1\ m$
11:　　　$\lambda(j) \leftarrow \mathrm{Floyd-Warshall}(\mathrm{Con}\ T\_\mathrm{BN}^{\tau_{\mathrm{sta}}} - j)$
12:　　　$\lambda = \lambda(j) + \lambda(0)$
13:　　　$j + +$
14:　　　**do**
15:　　　**update** $\{\mathrm{tim}v_{\mathrm{BN}} - i\} \leftarrow \left\{V_{\mathrm{BN}}^{T_{\mathrm{start}}} - i, \tau_{\mathrm{sta}} - i, \lambda\_i\right\}$
16:　　　$i + +$
17:　　　**until**　$i = m$
18:　　**end for**
19:　**end if**
20:　**return**　$\{\mathrm{tim}v_{\mathrm{BN}}\}$

具体描述如下：在给出位于不同单时隙的连通支配集后，将具有相同支配节点和连接关系的时隙进行合并，方便在一个给定的时间段内选出新的时变支配点集合。如表 3-10 所示，在表中给出一组具有开始时隙、结束时隙、持续时间及节点连接关系集等属性的支配点集 $\{v_{\mathrm{BN}} - i\}$。连接关系集 $[\{v_{\mathrm{BN}} - i, v_{\mathrm{UNEN}} - j\} \mid v_{\mathrm{BN}} - i \in V_{\mathrm{BN}}; v_{\mathrm{UNEN}} - j \notin V_{\mathrm{BN}}]$ 表明了支配节点和非支配节点之间的连接关系。

表 3-10　支配节点及相关连接集

数　目	支配点集 V_{BN}^T	开始时隙	结束时隙	持续时长	节点关系集 Con T_BN^T
i	$\{v_{BN}-i\}$	τ_{sta}	T_{end}	T_{dur}	$[(v_{RN}-i, v_{UNBN}-j)]$

在给出一个数据传输任务的开始时隙 τ_{sta} 后，主要分以下两种情况来讨论时变连通支配集（TCDS）的构造过程。

情况 1：假设数据传输过程（如图像下载、传感器数据传输）只发生在一类连通支配集内，简单来说，从传输开始到结束只经历了一种 V_{BN}^T，则可通过得到的时变支配节点数目来准确给出最大的路由跳数 $\lambda = T_{dur} = 2 + n_{BN}$，定义为持续时间。通过上述方法，可以得到一种特殊的时变连通支配集 V_{BN}^T，开始时隙为 τ_{sta}，结束时隙 $T_{end} = \tau_{sta} + \lambda$，节点关系集和开始时隙的一致。

情况 2：假设信息传输任务完成过程跨越了两个或多个连通支配集，也就是说从传输开始到结束经历了多种 V_{BN}^T，那么支配节点的属性就是随时间变化的。这里以跨越两个连通支配集 $\{v_{BN}-i\}$ 和 $\{v_{BN}-j\}$ $(i > j)$ 为例来进行说明，λ 是分别在上述两个静态连通支配集中由 Floyd-Warshall 算法计算出来的路由跳数的最大值，这样，更新支配点集 $\{v_{BN}-i\}$ 的开始时间为 τ_{sta}，结束时隙则保持不变，仍为 $T_{end}-i$，相应的持续时长则是 $T_{dur} = T_{end}-i-\tau_{sta}$。另外，支配节点集 $\{v_{BN}-i\}$ 的相关属性则分别更新为 $T_{start} = \tau_{sta} + T_{dur}-i$、$T_{end} = \tau_{sta} + T_{dur}-i + T_{dwr}$ 和 $T_{dur}-j = \lambda - T_{end}-i-\tau_{sta}$。另外，对这两个支配节点集中的重合节点，则开始时隙为 $\{v_{BN}-i\}$ 的开始时隙，结束时隙和 $\{v_{BN}-j\}$ 的一致，持续时长为 $T_{dur} = \lambda$。从图 3-29 中可看出跨越两个连通支配集后，支配节点在时间上的划分范围。为了表明更新前和更新后的区别，在图 3-29（c）中后缀为"1"的元素为未合并时的属性值，如开始时隙、结束时隙和持续时隙。跨越 3 个静态 CDS 的时变支配节点情况类似于情况 2，将 3 个静态支配点集进行合并，按照同样的规则更新时变支配点集中的开始时隙、结束时隙、持续时长及连接关系集。

在表 3-10 中，根据给定的开始时隙和对应的时变支配点集，首先根据最短路径算法预估最大跨越时隙数，按照上述规则，计算各种情况下的时变连通支配集和准确的最大跨越时隙数。值得注意的是，在上述时变连通支配集的构造规则中，都需要预估一个最大路由跳数来明确传输任务最大可以跨越几个支配集，以确保传输任务可以在时限内完成。在实际环境中，可以通过发送"Hello"包的方式来确定最大路由跳数，具体的实现方式并不是本书关注的重点，所以这里不再详细讨论。

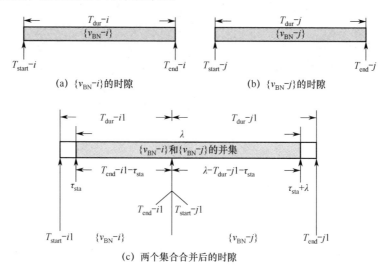

图 3-29　情况 2 中的支配节点时间划分

在完成时变连通支配集的构造后，需要设计一个时变路由算法来寻找任意卫星节点之间的端到端路径。为实现这一目的，需要在前文的支配节点和相关的连接关系中进行取舍，尽可能选择与非支配节点连接较多的支配节点作为主支配节点。这种依赖于由较多主支配节点所构成的时变骨干网路由算法可以提高路由建立效率。

在算法中，用路径集合 $p[v_i, v_j]$ 表示所有的端到端路径。以图 3-30 为例，节点 v_2 和节点 v_3 即为选择好的时变支配点，空间链路 $p(v_2^1, v_3^2)$ 和 $p(v_3^1, v_2^2)$ 及时间链路 $p(v_2^1, v_2^2)$ 和 $p(v_3^1, v_3^2)$ 则确保了位于开始时隙内的节点只要和任意支配节点连接，即可在时限内找到到达所有目的节点的路径。例如，节点 v_1 和节点 v_5 之间的时变端到端路径为 $p[v_1, v_5] = p(v_1^0, v_2^1) + p(v_2^1, v_3^2) + p(v_3^2, v_5^3)$。所以，当由时变支配点和相关的空间链路、时间链路所构成的时变骨干网一旦建立，只要源节点和目的节点能接入这个骨干网，就能建立相关的端到端链路。在图 3-30 中，位于第二个时隙的节点 v_2 和节点 v_3

即为选择出来的主支配节点，图中标注的链路保证了所有端到端链路的建立。具体的算法伪代码如表 3-11 所示。

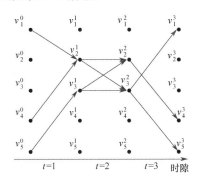

图 3-30　骨干网路径示意图

表 3-11　时变连通支配集的路由算法

算法　时变连通支配集的路由算法
1：**INPUT：** $\{\mathrm{tim}n_{\mathrm{BN}}\},\mathrm{ConT\_BN}^{T},\tau_{\mathrm{sta}},\lambda,k=N^{2},X=\left\{(v_{i}^{t1},v_{j}^{t2})\right\}$
2：**OUTPUT：** $p\left[v_{i}^{\tau_{\mathrm{sta}}},n_{j}^{\tau_{\mathrm{sta}}+\lambda}\right]$
3：$p\left[v_{i}^{\tau_{\mathrm{sta}}},n_{j}^{\tau_{\mathrm{sta}}+\lambda(i)}\right]\leftarrow\varnothing$
4：**For** all pairs $(n_{\mathrm{BN}},n_{\mathrm{BN}j})$ **do**
5：　**For** all pairs $(v_{i}^{t1},v_{j}^{t2})\in X$ **do**
6：　　$t1=\tau_{\mathrm{sta}};t2=\tau_{\mathrm{sta}}+\lambda(i)$
7：　　**If** $p\left[v_{i}^{\tau_{tu}},n_{j}^{\tau_{su}+\lambda(i)}\right]$ **is minimum**
8：　　　$p\left[v_{i}^{\tau_{tu}},n_{j}^{\tau_{su}+\lambda(i)}\right]\leftarrow p(v_{1}^{t1},n_{\mathrm{BN}}^{t})+p(v_{2}^{t1},n_{\mathrm{BN}}^{t})+\cdots+$ $p(n_{\mathrm{BN}}^{i},n_{\mathrm{BN}}^{b})+\cdots+p(v_{N}^{t2},n_{\mathrm{BN}}^{tj})$
9：　　　**do**
10：　　　sort all $p\left[v_{i}^{\tau_{tu}},n_{j}^{\tau_{su}+\lambda(i)}\right]$ in the increasing
11：　　　number $\{n_{\mathrm{BN}}-i\}$ and let $p\left[v_{i}^{\tau_{tu}},n_{j}^{\tau_{su}+\lambda(i)}\right]$
12：　　　refer to $p\left[v_{i}^{\tau_{tu}},n_{j}^{\tau_{su}+\lambda(i)}\right]$
13：　　**until** $\left\{(v_{i}^{\tau_{\mathrm{sta}}},n_{j}^{\tau_{\mathrm{sta}}+\lambda})\right\}=X$
14：　　**end if**
15：**end for**
16：**end for**
17：**return** $p\left[v_{i}^{\tau_{tu}},n_{j}^{\tau_{su}+\lambda(i)}\right]$

一般情况下，用于维持网络连通性的骨干网建立方法可以分为两大类：基于几何结构的方法和基于簇结构的方法。在基于几何结构的方法中，通过删除尽可能多的连接，基于位置信息构建几何结构原始连接图。每个节点都只选择特定的邻居（拓扑结构中的一跳节点）进行沟通。在基于簇结构的方法中，采用簇结构对整个网络拓扑进行层次化管理，簇结构中的簇头节点为网络路由和数据包中继传输的主干节点。但是，所有这些方法假设底层拓扑图是完全图，然而考虑到拓扑时变的情况，在本书中引入了时空图的概念，将空间链路连同时间链路一起考虑进去，来构造一个时变骨干网，确保网络节点之间的连通性。

本小节为了对基于时变连通支配集的路由算法进行性能分析，选择当前卫星网络中采用的基于簇结构的多层时变（Time-Evolving Multi-layered Clustering，TEMC）路由算法作为比较对象。TEMC 路由算法的主要思想如下：在每一层中根据一定的规则选取合适的节点作为簇头节点（作用相当于 TCDS 路由算法中的骨干节点），选取规则是为了对比的一致性，依旧按照最大节点度的方式选取簇节点。在每层中，簇节点和每个成员节点之间经由一跳链路连接，保证了单层网络节点之间的连通性。与 TCDS 算法最大的不同是，层与层之间的连接仅通过簇头节点互联来实现。故在实现方式上和 TCDS 路由算法是不尽相同的，若簇头节点之间连接不稳定，很容易导致传输链路中断，从而造成算法性能的下降。实验场景所设置的三层卫星网络的仿真参数如表 3-12 所示。

表 3-12 三层卫星网络的仿真参数

卫星参数	低 轨	中 轨	高 轨
轨道类型	LEO	MEO	GEO
高度（km）	1800	16780	36000
轨道倾角（deg）	45	40.78	0
星下点（deg）	0	0	−90/−100
星座类型	Walker delta 星座	Walker delta 星座	地球同步卫星
卫星数目（颗）	5×2	3×3	2

为获得卫星网络的连接时间表 CTG，借助 STK 记录其 24 小时的星历数据。为了方便对数据进行整理分析，对所有卫星链路的开始时间和结束时间都向上或向下取整，使得整理后的时间接近于真实准确的时间。为尽可能准确地捕捉 CTG 中链路切换点，选取 1min 为离散时间间隔。为了验证本书所提出的时变连通支配集的可行性及算法性能优势，通过数值模拟并与 TEMC 路由算法进行对比来评估 TCDS 路由算法的性能。在仿真实验中采取以下兼顾路由算法性能和骨干网构造算法性能的 3 个性能指标。①骨干网的总边数：指的是构建好的时变骨干网中所有保证节点连通性的链路数目 |Num_BN|，是骨干网构造算法的基本性能指标。②路由算法的最大时隙数：指的是在确定的任务传输中从源节点到目的节点所跨越的最大时隙数，也就是最大路由跳数。③最大传输时延：指的是在给定传输任务中，从任意源节点 $S_i^{t_{\text{sta}}}$ 到任意目的节点 $d_j^{t_{\text{sta}}+\lambda}$ 的最大路由传输时延。$D(p)$ 指的是任意一条端到端路径中所有空间和时间链路的集合。

$$D_{\max} = \max\{D(P(S_i^{t_{\text{sta}}} \to d_j^{t_{\text{sit}}+\lambda}))\} \tag{3-28}$$

图 3-31 描述了在不同开始时隙下，TCDS 路由算法和 TEMC 路由算法在上述 3 个性能评价指标下的比较。开始时隙不同，导致时变骨干网所跨越的时隙数不同，上述性能也是随机变化的，故只能用离散点表示。从图 3-31（a）中可以看出，TCDS 路由算法的骨干网总边数在整体上是小于 TEMC 路由算法的。之所以会出现时隙 $t=1$ 和 $t=2$ 时 TCDS 路由算法的性能指标劣于 TEMC 路由算法，是因为在两个开始时隙内骨干网所包含的 CDS 数目不同，TEMC 只跨越了一个静态 CDS，而 TCDS 则跨越了两个静态 CDS。跨越的 CDS 数目越多，则骨干网中的骨干节点数目也会相应增加，这就导致了连接边的增加，故会出现 TCDS 路由算法的性能指标劣于 TEMC 路由算法的情况。

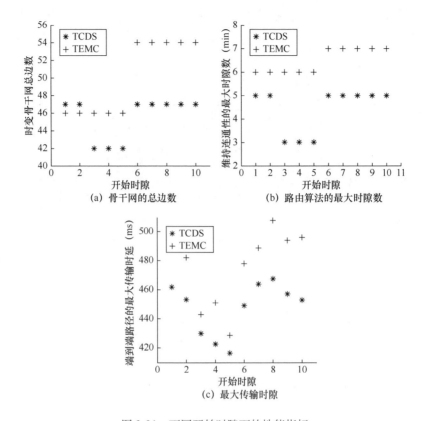

图 3-31 不同开始时隙下的性能指标

3.3 空间 DTN 的传输策略

3.3.1 存储转发模式

BP 层主要由 4 部分组成，其主要结构如图 3-32 所示。当应用层把需要传输的信息向下层交付时，BP 层会将收到的信息利用应用层代理打包成 Bundle 的格式，即 DTN 协议最基本的传输单元。随后 BP 代理会将目的节点信息、路由信息、数据传输类型等信息赋予 Bundle 包头，并提供关于 Bundle 的一系列服务。最后，当到达地面段传输时，会通过相应的模块实现两个不同协议间的连通。BP 层不仅定义了传输的基本单元 Bundle，还确立了保管传输机制，解决深空环境中的频繁链路中断和长距离时延导致的不可靠数据转发问题。

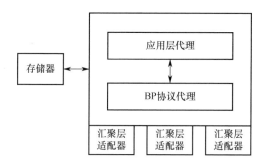

图 3-32　BP 层的主要结构

在 DTN 中，端到端路径不能得到保证，这使传统无线网络的路由方式不适用于 DTN 中。为了解决 DTN 的数据传输问题，KevinFall 提出了一种类似于电子邮件的传输方式。当数据从一个节点递交到下一跳节点时，如果节点之间没有可以进行通信的机会，需要将数据先存储在这个节点处，等两个节点之间有可以连通的时间段再把数据投递出去，这种消息转发机制称为存储—转发（Store and Forward）策略。最终应用层的数据会沿着一个节点上的存储设备递交到下一个节点上的存储设备中去，直到到达目的地。DTN 的存储—转发策略要求 DTN 路由器拥有永久性的存储设备，当链路不可用的时候，节点将 Bundle 存储起来，待链路可用时再转发。

BP 层提供两种可选的加强型交付任务：端到端的确认和保管传输（Custody Transfer）。当数据传输错误或者丢失后，DTN 支持在 BP 层进行节点的重传，由 BP 层提供端到端的确认。保管传输是一种单播交付，不断向目的地方向靠近，进行数据复制转移，这些接收到复制数据的中继节点就被称为 Bundle 保管员。当 Bundle 保管员的 BP 层发送 Bundle 到下一个节点时，将请求保管传递，并且启动确认时间（Time to Acknowledge）计时器。如果下一节点的 BP 层接受保管，将返回一个应答；如果在确认时间之后还没有收到下一个节点的应答，Bundle 保管员将重传 Bundle。保管传输使得节点在发送 Bundle 完成之后可以较快地进行 Bundle 重传，这种传输策略满足了 BP 层的可靠性。但并不是所有的 DTN 节点都必须进行保管传输，当某节点的存储资源严重受限、网络拥塞或者节点能量快耗尽时，可以选择不提供保管传输。

3.3.2　多路径传输

多路径传输（Multiple Path Transport，MPT）是指采用多条不相交的路径进行数据分组的递交，以增加端到端的吞吐量、可靠性，减少端到端时延。多路径路由模型为任意一对节点提供多条可用路径，并确保所发送的数据能正确到达目的地。当前，多路径的使用模式主要有两种：一种是在同一时刻的每个源节点和目的节点对，都只能在路径上递交数据，当主路径断开时，可以使用其他可用路径进行传输，这种数据递交模式称为备份多路径；另一种是指每个源节点和目的节点对都可以同时使用两条以上的路径传输数据，但是辅助路径上只能发送主路径上所发送数据的复制包，这种数据递交模式称为并行多路径。在多路径路由模式中，可以根据节点的相关性将多路径路由分为以下 3 类：①节点不相关多路径路由，也称为完全不相关路由，是指路径之间没有共用的节点或者链路；②链路不相关多路径路由，是指没有共用的链路，但是可能有共用的节点；③相关多路径路由，是指相关的路径之间既有共用的链路也有共用的节点。3 类多路径路由示意图如图 3-33 所示。

（a）节点不相关多路径路由　　（b）链路不相关多路径路由　　（c）相关多路径路由

图 3-33　3 类多路径路由示意图

单路径路由协议中路由开销和网络时延较大，网络负载大时会引起网络拥塞，多路径路由与单路径路由相比具有以下优势。

（1）能显著减小端到端时延。

（2）防止数据传输中断，提高网络稳定性：单路径路由中若路径中断，则传输失败，必须重新开始新的路由发现过程，但是在多路径路由中，一条路径中断还可利用其他路径继续传输，不需要再进行路由发现的过程。

（3）有利于负载均衡。单路径路由容易造成所使用路径上的负载严重而网络中其他链路的利用率很低的情况，多路径路由使得网络负载能均匀分配在多条路径上。

（4）减少对带宽的要求。资源在多条可用路径之间分配，能有效减少对每条路径带宽的限制。

本小节基于时变图模型提出最小开销多路径路由（Min-cost Constrained Multi-Path routing，MCMP）算法。在详细介绍算法前，首先介绍两个概念。假设 p 为由链路 $\{e_{ij} \mid (i,j) \in p\}$ 组成的 s-d 路径，则

（1）路径 p 的瓶颈容量定义为 $c_p \triangleq \min\limits_{(i,j) \in p} c_{ij}$；

（2）路径 p 的单位开销为 $w_p \triangleq \sum\limits_{(i,j) \in p} w_{ij}$。

为达到最小开销这一目标，MCMP 算法的基本思想为尽量将数据量分配在拥有较小 w_p 的路径上。因此，算法的关键为在 $\mathcal{G}$ 上寻找拥有最小 w_p 的路径（为叙述方便，称其为最小开销路径），其可等效为最短路径问题。MCMP 算法具体伪代码如表 3-13 所示，其中算法的输入 $\mathcal{G}(V, E, C, W)$ 是由 CTG 构造的时空图。为寻找最小开销路径，算法中的"FIND_PATH"函数中采用 Floyd-Warshall 最短路径算法。一旦找到该路径，大小等于其 c_p 的数据将被分配到该路径传输。随后，算法的"UPDATE_GRAPH"函数中将更新剩余网络，即 $\mathcal{G}$ 中属于最小开销路径的边容量将相应地更新为 $(c_{ij} - c_p)$（称为剩余容量）。在此过程中，剩余容量为 0 的边将从 $\mathcal{G}$ 中"删除"。上述函数将重复运行，直至分配于网络中的数据量等于数据发送总量 φ 或剩余网络中已经找不到任何 s-d 路径为止（此时，意味着传输任务无法只利用 $[t_0, t_0 + \gamma]$ 时间段内的连

接机会完成符合 QoS 要求的传输)。

当传输所有数据所需的路径确定后,任务总时延 $\mathcal{T}$ 由算法 "CALCULATE_ DELAY" 函数确定。由于时间维度已被离散为时隙,所以, $\mathcal{T}$ 可被估计为 $\mathcal{T} = k_{lst} \cdot \tau$,其中 k_{lst} 为时延最长路径(记为 p_{lst})所跨越时隙个数。设按此方式估计 $\mathcal{T}$ 的误差为 δ ,则有

$$\delta = k_{lst} \cdot \tau - [(k_{lst} - 1) \cdot \tau + f_{ij} \cdot K_B / R_d] \tag{3-29}$$

$$\Rightarrow \delta = \tau - f_{ij} \cdot K_B / R_d < \tau \tag{3-30}$$

式中, f_{ij} 为 p_{lst} 的最后一条边传输 Bundle 的数量。注意到式(3-29)中计算的 Bundle 传送时间未包含传播时延,所以,实际上 δ 将远小于离散时间间隔 τ 。由式(3-30)可知,当选取的 τ 足够小时, δ 可被忽略。

表 3-13 MCMP 算法伪代码

算法 II MCMP 路由策略
1: **INPUT:** $\mathcal{G}(V, E, C, W)$, φ
2: **OUTPUT:** $\mathcal{C}$, $\mathcal{J}$, P
3: $f \leftarrow 0$; $\mathcal{C} \leftarrow 0$; $P \leftarrow \varnothing$;   //初始化网络流、传输开销与路径集
4: $p \leftarrow$ **FIND_PATH** ($\mathcal{G}$);
5: **while** $f < \varphi$ **and** $p \neq \varnothing$ **do** //流量小于发送量且存在 s-d 路径
6:      $P \leftarrow P \cup p$;
7:      $f \leftarrow f + c_p$;
8:      **if** $f > \varphi \oplus$ **do** //所有路径流量大于发送量
9:          $c_p \leftarrow c_p - (f - \varphi)$; //最后一条路径传输数据小于 c_p
10:         $f \leftarrow \varphi$;;
11:     **end if**
12:      $\mathcal{C} \leftarrow \mathcal{C} + w_p \cdot c_p$;;
13:      $\mathcal{G} \leftarrow$ **UPDATE_GRAPH** ($\mathcal{G}$, p , c_p), //更新剩余网络
14:      $p \leftarrow$ **FIND_PATH** ($\mathcal{G}$) //寻找 w_p 最小路径
15: **end while**
16: **if** $f < \varphi$ **do**
17:     **Return** $-f$; // 返回传输任务不能完成标志
18: **else do**
19:      $\mathcal{J} \leftarrow \leftarrow$ **CALCULATE_DELAY**(P);
20:      $P \leftarrow \leftarrow$ **TRANSLATE_PATHS**(P);
21:     **Return** $\mathcal{C}$, $\mathcal{J}$, P;
22: **end if**

考虑到 $\mathcal{SN}$ 中的每个节点对应 $\mathcal{G}$ 中的 $(\gamma/\tau+1)$ 个点，由 "FIND_PATH" 函数寻找到的路径不能直接地表示数据在 $\mathcal{SN}$ 中的传输路径。为此，我们在算法中添加了 "TRANSLATE_PATHS" 函数，$\mathcal{G}$ 中边 $e_{ij} \in p$ 到链路 $(n_f, n_t) \in \mathcal{SN}$ 的转换过程为

$$n_f = i - (\lceil i/N \rceil - 1) \cdot N \tag{3-31}$$

$$n_t = j - \lceil i/N \rceil \cdot N \tag{3-32}$$

为了对基于时空图的路由策略进行对比，本节提出另一种多径路由方案——最早到达多径路由（Earliest Arrival Multi-path Routing，EAMP）。为后续描述方便，首先作如下定义：拥有相同接收节点 i 的连接集合 $\{\mathrm{ct}(n_f, n_t, t_{\mathrm{start}}, t_{\mathrm{end}}) \mid n_t = i\}$ 称为节点 i 的备选集，其中结束时间 t_{end} 最早（小）的连接称为该备选集的最早连接。假设 EAMP 确定的第 i 跳连接为 $\mathrm{ct}(n_f^i, n_t^i, t_{\mathrm{start}}^i, t_{\mathrm{end}}^i)$，则可从 n_f^i 备选集的子集合 $\{\mathrm{ct}(n_f, n_t, t_{\mathrm{start}}, t_{\mathrm{end}}) \mid n_t = n_f^i, t_{\mathrm{start}} < t_{\mathrm{end}}^i\}$ 中选取最早连接作为下一跳连接，其中不等式约束 $t_{\mathrm{start}} < t_{\mathrm{end}}^i$ 确保第 i 跳的传输机会不会被错过。

上述过程将不断重复，直至已寻找到的路径发送数据总量等于 φ 或无法在 CTG 中找到 s-d 路径为止。

考虑到一些起始于汇点的路径逐跳选取连接却无法延伸到源节点，当出现此情况时，EAMP 必须具备调整路径的能力。在发生下述两种情况下，EAMP 需要对之前选取的连接进行调整。

（1）情况 1：若 $\{\mathrm{ct}(n_f, n_t, t_{\mathrm{start}}, t_{\mathrm{end}}) \mid n_t = n_f^i, t_{\mathrm{start}} < t_{\mathrm{end}}^i\} = \varnothing$，即没有可用的第 $(i+1)$ 跳连接用于延伸路径，则需对已选择的第 i 跳进行重新选择。在此情况下，EAMP 算法将从 n_f^{i-1} 的备选集中选取次早连接。

（2）情况 2：若 n_f^{i-1} 的备选集中所有的连接都已先后被选为第 i 跳连接，但情况 1 仍然存在，则路径的第 $(i-1)$ 跳连接需要重新选择，其选择过程同情况 1。此时，后续已选连接需要归还至备选集，即重置为未选状态。

为理解 EAMP 在上述两种特殊情况下的处理过程，以图 3-34 为例进行说明，其中链路间的连接关系已描述为拥有两个根节点（源节点）的路由树。对于同一层中的节点，假设以位于靠左位置节点为发送节点的连接具有

较早的结束时间（如对于第 2 层，连接"2→1"的结束时间小于连接"3→1"的结束时间），则根据 EAMP 算法思想，路径"d→1→2"将首先被确立。由于此时节点 2 的备选集为空集（情况 1 发生），EAMP 算法将更正第 2 跳连接"1→2"为节点 1 备选集中的次早连接"3→1"。随后，路径将延伸至节点 5，即"d→1→3→5"。类似地，此时节点 5 的备选集为空集，按情况 1 处理，第 3 跳连接"5→3"将被替换为节点 3 备选集中的次早路径"7→3"，路径变为"d→1→3→7"。在选择第 4 跳连接时，节点 7 的备选集仍然为空且此时节点 3 的备选集中的所有连接已被尝试过（情况 2 发生），则 EAMP 算法将回溯到第 2 跳。此时，节点 1 的次早连接"4→1"将被选为第 2 跳。相应地，路径将最终延伸至 s，即"d→1→4→6→s"（实际数据流方向相反）。

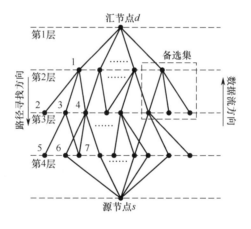

图 3-34　EAMP 路由树

本节通过数值仿真对 MCMP 路由策略的性能进行评估。实验的比较对象为 EAMP 和直接传输策略（Direct Transfer Strategy，DTS）。路由策略的性能评价指标主要为任务传输时延 $\mathcal{J}$ 和传输开销 $\mathcal{C}$。实验场景所设置的地球观测卫星网络 $\mathcal{SN}$ 的组成如下。

（1）1 颗地球遥感卫星——我国高分 2 号遥感卫星（GF-II），其运行于高度为 631km 的太阳同步轨道上，倾角为 97.908°。

（2）6 颗中继卫星，其星座分布为 Walker（6/6/4），其中，种子卫星运行于高度为 1414km（采用全球星轨道高度）的圆形轨道上，倾角为 $52°$。

（3）3 座地面站分别位于我国的密云（$40.3°$N，$116.8°$E）、喀什（$39.5°$N，$76°$E）和三亚（$18.2°$N，$109.5°$E）。

实验中设置的观测目标位于 Sahara（$28°$N，$11.5°$E），与之对应的传输任务为 $(\varphi,12:00(\text{UTC}),2\text{h})$，其中任务的开始时间基于 GF-II 和观测目标的接触时间选定；任务传输的遥感图像数据封装于 Bundle 中进行传输，其数量 φ 分别设置为 10^4、2×10^4 和 3×10^4。实验中 Bundle 的大小等其他参数设置如表 3-14 所示。其中，e_s 为卫星发射功率（50W）与 Segment 发送时延（0.5ms）的乘积。考虑到 RS 的大小很大程度上取决于随机丢失的数据数量，为简化分析，假设其大小与普通 Segment 相同，相应地有：$e_{\text{RS}}=e_s$，$\text{PER}_{\text{RS}}=\text{PER}$。

表 3-14　仿真参数

参　　数	值
Bundle 大小	100KB
Segment 大小	1250B
数据发送速率	GF-II: 20Mbps; RS: 50Mbps; GS: ∞
反馈速率	RS: 10Mbps; GS: 5Mbps
存储容量	GF-II: ∞; RS: 10^5; GS: ∞
不同类型链路 BER	GF-RS: 10^{-6}; GF-GS:10^{-7}; RS-RS:10^{-6}; RS-GS: 10^{-7}
时空链路单位能量开销	10^{-3}kJ; 10^{-4}kJ; 10^{-5}kJ
e_s	2.5×10^{-5}kJ
T_{prop}	GF-RS: 30ms; GF-GS:10ms; RS-RS:30ms; RS-GS: 10ms

为得到 $\mathcal{SN}$ 的 CTG，借助 STK 记录了 24h 的星历数据。在 CTG 中，为简化分析，将所有的链路切换点 t_{start} 和 t_{end} 取整为最接近的整数分钟且以 t_0 作为时间起点并记为 "0"。因此，时间区间为 $[0,\gamma]$。为捕捉 CTG 中链路切换点，取离散时间间隔 τ 为 1min。

图 3-35 和图 3-36 描述了在单位存储开销为 10^{-3}kJ 的条件下，MCMP、EAMP、DTRS 在不同发送数据量下的性能比较。为后续叙述方便，分别记单

位存储和传输开销为 uc_t 和 uc_s。uc_t 虽为 $\mathcal{G}$ 中的概念，对于 EAMP 和 DTRS，其含义仍为节点在 τ 时间（1min）内存储一个 Bundle 消耗的能量。由图 3-35 可知，MCMP 的时间性能接近 EAMP，其原因在于当 uc_t 和 uc_s 相差不大（约为 2×10^{-3} kJ）时，MCMP 将尽量选取空间链路发送数据；若选取时间链路则路径需要更多的连接延伸至汇节点，使路径 w_p 增大。由于 EAMP 的路由决策只关注 CTG 中的连接（其在 $\mathcal{G}$ 中对应多条空间链路），因此，在此情况下 MCMP 和 EAMP 所寻找的路径几乎相同，两者的 $\mathcal{T}$ 相差不大。如图 3-36 所示，为传输相同数量的数据，DTRS 的 $\mathcal{T}$ 约为 MCMP 和 EAMP 的 3 倍，其原因在于 DTRS 只利用星地链路传输数据，引入了很大的等待时延。实际上，DTRS 的 $\mathcal{T}$ 在很大程度上取决于 $\mathcal{SN}$ 的拓扑结构。

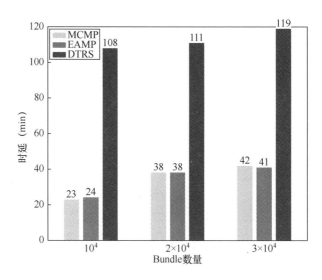

图 3-35　不同 φ 情况下的时延比较（$uc_t = 10^{-3}$ kJ）

图 3-36 说明 MCMP 关于 $\mathcal{C}$ 的传输性能优于 EAMP，由于其只选取剩余网络中具有最小 w_p 的路径传输数据。另外，由图 3-36 可知，随着 φ 的增大，MCMP 相比 EAMP 的优势在逐步减小。造成这一现象的主要原因在于：$\mathcal{SN}$ 在 $[t_0, t_0 + \gamma]$ 时间段内的可用传输机会即 $s\text{-}d$ 路径是确定的，随着 φ 的增大，MCMP 和 EAMP 都将充分利用这些传输机会传输数据，减少了两者路由

的差异性。相比 MCMP 和 EAMP，DTRS 消耗的能量较大，原因在于 DTRS
携带数据等待星地链路的过程中引入了大量存储开销。

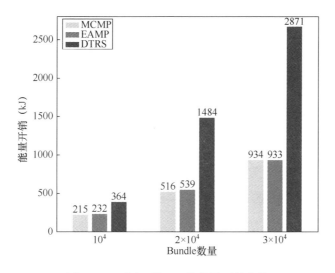

图 3-36　不同 φ 情况下的能量开销比较

3.4　空间 DTN 的性能分析

DTN 网络在空间通信环境下具有以下几个特征，以卫星通信为例。

（1）通信距离大且实时变化。卫星建立连接所需传输的距离比地面通信距离大很多，以低轨卫星与地球同步卫星通信为例，由通信距离造成的往返传播时延在 250ms 以上，相对于地面几毫秒级别的传播时延来说无疑是巨大的挑战。更为严重的是，由于卫星都在各自的轨道上高速运行，相对于地面网络，传播时延变化剧烈，每隔一段时间卫星间的通信距离就有较大的变化。

（2）误码率高且实时变化。空间电磁波传输受到多方面的影响，如温度、大气衰减、自由空间损耗，这些因素直接造成信号功率的大幅衰减，带来较高的误码率。特定频段的电磁波空间自由损耗对误码率的影响是巨大的，其是由卫星通信的传输距离引起并且会直接造成误码率的变化，由此会给数据丢包率造成指数级别的影响。

（3）上下行链路速率不对称。一般来说，下行链路用于发送科学和工程数据，上行链路用于发送控制命令。双向链路不对称的主要原因是航天器上的星载设备（如天线等）的尺寸和地面站设备存在差异，而控制命令包含的确认信号相对于传输的数据尺寸较小，将控制信道速率设置得稍小，可以节省发射功率和带宽。在空间网络中，双向链路不对称速率比可高达 500 : 1，甚至更高，如此高的不对称速率比，容易造成确认信道中保管确认信号的排队。因此，减小上下行速率不对称造成的影响需要与具体的传输环境相结合。

（4）链路频繁中断。中断既可能是可预测的中断，也可能是随机、突发的中断。可预测的中断一般认为是卫星的在轨运动，而卫星的运动轨迹是可以预测的，一般来说，因为卫星移动造成的中断，短则几十分钟，长则数天。随机的中断一般是障碍物的阻挡或者其他噪声的干扰等引起的，这部分中断时间短、随机性大，会对链路连接造成很大的影响，如何消除这部分噪声对传输链路的影响，是研究的重点。

3.4.1 Bundle 的端到端时延估计

在第 1 章中我们介绍了 BP，该协议可以有效克服链路频繁中断、传播时延长、高误码率的问题。BP 采用的 Bundle 保管传输机制使得 DTN 拥有解决上述能力的重要机制。

Bundle 作为 BP 层最小的数据传输单元，其往返时延（Round Trip Time，RTT）包括传播时延、Bundle 及确认信号的传输时延、排队时延、收发端的处理时延，以及空间网络突发状况下产生的随机时延，如图 3-37 所示。

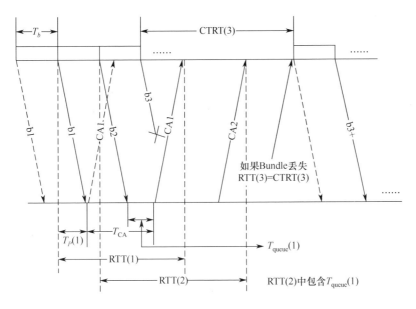

图 3-37　Bundle 往返时延 RTT 的构成

传播时延是由通信距离本身决定的，而传输时延则受链路传输速率影响。上下行链路传输速率不对称，会导致上下行链路传输时延不一致。Bundle 传输的往返时延期望值可以表示为

$$\text{RTT}_{\text{EV}}(t) = (1 - P_{\text{ef}}(t)) \cdot \text{RTT}(t) + P_{\text{ef}}(t) \cdot \text{CTRT}(t) + N(t) \quad (3\text{-}33)$$

式中，$\text{RTT}_{\text{EV}}(t)$ 表示 t 时刻 Bundle 往返时延的期望值；$P_{\text{ef}}(t)$ 表示 t 时刻 Bundle 的丢包率；$\text{CTRT}(t)$ 为 t 时刻保管重传定时器的值；$N(t)$ 为 t 时刻随机时延的协方差。因此，可以将 Bundle 的丢包率表示为

$$P_{\text{ef}}(t) = 1 - (1 - \text{BER}(t))^{8(L_{\text{b}} + L_{\text{bh}})} \quad (3\text{-}34)$$

$\text{BER}(t)$ 为 t 时刻的误码率，采用 BPSK 调制。信噪比 $\text{SNR}(t)$ 由空间信道各参数共同决定，表示为

$$\begin{aligned}
\text{SNR}(t) = {} & 10\lg P_{\text{sc}} + 10\lg G_{\text{sc}} + 10\lg G_{\text{g}} - 10\lg L_{\text{psc}} - 10\lg L_{\text{space}}(t) - 10\lg L_{\text{pg}} - \\
& 10\lg k - 10\lg L_{\text{atm}} - 10\lg(T_{\text{b}} + T_{\text{eq}}) - 10\lg L_{\text{sys}} - 10\lg R_{\text{b}}
\end{aligned}$$

$$(3\text{-}35)$$

式中，P_{sc} 表示卫星传输功率；G_{sc} 表示卫星天线增益；G_{g} 表示地面天线增益；L_{psc} 表示卫星天线指向损耗；L_{space} 表示 t 时刻自由空间路径损耗；L_{pg} 表示地面天线指向损耗；k 表示波尔兹曼常数；L_{atm} 表示由于地球大气层引起的

损耗；T_b 表示天空亮度噪声温度；T_{eq} 表示地面设施噪声温度；L_{sys} 表示所有系统的其他损耗；R_b 表示带宽（bps）。通过上述分析可以将误码率看成链路通信距离的函数，RTT 的期望值表示为

$$\mathrm{RTT_{EV}}(t) = (1 - \frac{1}{2}\mathrm{erfc}(\sqrt{C_0 - 20\lg D(t)}))^{8(L_b + L_{bh})} \cdot (2T_p(t) + T_{CA} +$$

$$T_{\mathrm{queue}}(t) + (1 - (1 - \frac{1}{2}\mathrm{erfc}(\sqrt{C_0 - 20\lg D(t)}))^{8(L_b + L_{bh})}) \cdot \quad (3\text{-}36)$$

$$\mathrm{CTRT}(t) + N(t)$$

我们引入了无迹卡尔曼滤波（Unscented Kalman Filter，UKF）算法，来更好地估计链路的状态。主要通过已知测量值对状态变量进行估计。影响往返时间的非随机变量为传播时延、排队时延、Bundle 丢包状态等。最终将描述空间环境变化的状态方程表示为

$$\begin{pmatrix} T_p(t) \\ \dot{T}_p(t) \\ \ddot{T}_p(t) \\ T_{\mathrm{queue}}(t) \\ P_{\mathrm{ef}}(t) \end{pmatrix} = \begin{pmatrix} T_p(t-1) + \dot{T}_p(t-1) + \frac{1}{2} \cdot \ddot{T}_p(t-1) \cdot T^2 \\ \dot{T}_p(t-1) + \ddot{T}_p(t-1) \cdot T \\ \ddot{T}_p(t-1) \\ T_{\mathrm{queue}}(t-1) + (T_{CA} - T_b) \cdot \delta \\ 1 - \left[1 - \left(\frac{1}{2} \cdot \mathrm{erfc}\left(\sqrt{C_0 - 20 \cdot \lg(T_p(t-1) \cdot C)} \right) \right) \right]^{8(L_b + L_{bh})} \end{pmatrix} +$$

$$\begin{pmatrix} V_1(t-1) \\ V_2(t-1) \\ V_3(t-1) \\ V_4(t-1) \\ V_5(t-1) \end{pmatrix} \qquad (3\text{-}37)$$

状态方程描述了影响 Bundle 时延参数的时间函数，传播时延和时间表现为二次导数关系。UKF 计算时对周期 T 设置和对距离采样周期设置一致，而 Bundle 的保管确认信号排队状态和上下行速率相关，如果在 Bundle 传输完成前，存储 Bundle 的内存已满，排队时延不再线性增长，此时排队时延为最大值。

由于卡尔曼滤波要求线性模型系统，为了实现非线性系统的卡尔曼滤波，需要考虑采用扩展的卡尔曼滤波，即将非线性函数通过泰勒级数展开的方式用高阶多项式来表示非线性函数。这种方法计算量大，因此衍生出全

新的非线性滤波方法 UKF，用近似函数概率分布来代替对非线性函数的近似。这种近似非线性函数的概率分布需要采用无迹变换（Unscented Transform，UT）来实现，令非线性函数 $Y = f(X)$，X 为 n 维向量，并且均值 $\bar{X}$ 和协方差矩阵 P_x 已知，首先通过 UT 变换取得 $2n+1$ 个点集 x_i，UT 变换为

$$\begin{cases} x_0 = \bar{X} \\ x_i = \bar{X} + \left(\sqrt{(n+\lambda)P_x} \right)_i, \quad i = 1,2,\cdots,n \\ x_i = \bar{X} - \left(\sqrt{(n+\lambda)P_x} \right)_i, \quad i = n, n+1, \cdots, 2n \end{cases} \tag{3-38}$$

λ 为 UT 变换的比例因子，n 代表状态变量 X 的维数，$\bar{X}$ 表示 n 维状态变量的均值，P_x 为 n 维状态变量协方差矩阵。

UT 变换的原理如图 3-38 所示。

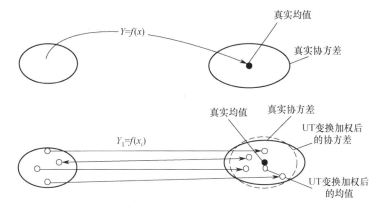

图 3-38　UT 变换原理

接下来分析 UKF 在估计 Bundle 时延中的具体过程。时间更新和状态更新的流程如图 3-39 所示，分为初始值设置、UT 变换得到近似非线性函数概率密度分布的 sigma 点集、时间更新、测量更新，这 4 个步骤循环往复，一直递推得到各个更新测量值的时刻的最优状态估计值。

除了状态变量，还将 Bundle 存储转发的定时器 CTRT(t) 也作为变量。因为如果重传定时器是一个定值，那么必然会因往返时延不一致使得 Bundle 被认为丢失，因此出现不必要的重传，如果持续出现这种状况，会导致此 Bundle 生存时间（Time To Live，TTL）逾期，于是节点就会删除这个

Bundle，造成 DTN 协议的不可靠。RFC2988 文件中对于 TCP 有完整的重传定时器算法，如图 3-40 所示。图中各参数含义：RTT(t)表示 t 时刻 TCP 报文往返时延测量值；α 和 β 分别表示为权重值（典型值为 7/8 和 3/4）；SRTT(t)表示 t 时刻报文的平滑值；RTTVAR(t)表示 t 时刻下 RTT 平滑偏差的估计器；RTO(t+1)表示对下一个时刻预测定时器。与 TCP 相比，BP 在这个领域研究尚少，因此，借鉴了 TCP 重传定时器算法的思想，设计出一套适合 BP 的 Bundle 重传定时器的算法。

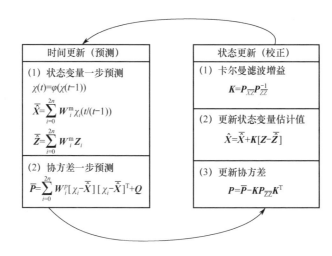

图 3-39　时间更新与状态更新

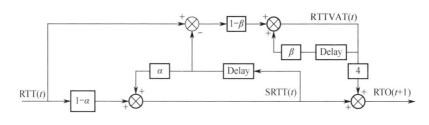

图 3-40　定时更新原理

假定之前的 UKF 算法已经滤除了噪声的干扰，则可以用估计值 RTTUKF(t)代替 RTT(t)，此时 Bundle 重传定时器预测算法的输入值可以表示为

$$RTTD(t_k) = Z(t_k) - RTTUKF(t_k) \tag{3-39}$$

RTTD(t_k)表示 t_k 时刻重传定时器算法的输入值，$Z(t_k)$ 表示 t_k 时刻 m 维测量向量，其中经过滤波输出得到的往返时延估计值 RTTUKF(t_k)可表示为

$$\text{RTTUKF}(t_k) = (1 - \hat{P}_{\text{ef}}(t_k)) * (2\hat{T}_p(t_k) + T_{\text{CA}} + \hat{T}_{\text{queue}}(t_k)) + \hat{P}_{\text{ef}}(t_k)(\text{CTRT}(t_k))$$

$$(3\text{-}40)$$

式（3-40）中各参数含义：$\hat{P}_{\text{ef}}(t_k)$ 表示 t_k 时刻 Bundle 丢包率的估计值；$\hat{T}_p(t_k)$ 表示 t_k 时刻传播时延的估计值；$\hat{T}_{\text{queue}}(t_k)$ 表示 t_k 时刻该 Bundle 排队时延的估计值。针对以上估计算法的仿真采用的参数如表 3-15 所示。

表 3-15　仿真参数

参　　数	参数描述	数　　值
L_{file}（MB）	文件长度	10
L（B）	Bundle 包头长度	28
L_{b}（KB）	Bundle 长度	10，15，20，25，30，35，40
L_{CA}（B）	存储转发确认信号	100
R_{data}（Mbps）	数据传输速率	2
R_{CA}（Kbps）*	确认信道传输速率	8
BER(0)	初始化的误码率	10^{-7}，10^{-6}
C_0	与初始化误码率对应的常量值	106.44，104.22
$T(s)$	UKF 计算周期与采用周期	0.01
$R(0)$	测量噪声协方差初始值	0.0001，0.001
Memory Size（MB）	星上可用内存	2

图 3-41 和图 3-42 所示为当观测噪声的协方差是 0.0001 和 0.001、Bundle 长度为 20KB 时的时延估计。依图 3-41（b）及图 3-42（b）中排队时延误差结果可知，UKF 和 EKF 都能较好地跟踪排队时延的变化，当观测噪声协方差较小时，UKF 排队时延的误差波动略小。在这两种情况下，UKF 估计误差都比 EKF 要小，并且 UKF 算法稳定性较好。

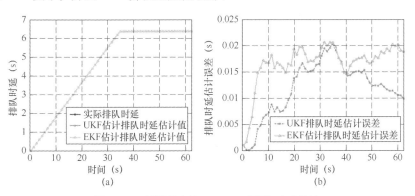

图 3-41　观测噪声为 0.0001 下排队时延估计

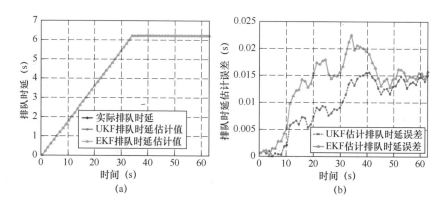

图 3-42　观测噪声为 0.001 下排队时延估计

前文分析了卫星通信距离的变化，反映在 BP 层主要体现在 Bundle 的丢包率上。图 3-43 和图 3-44 分别分析了 Bundle 长度为 20KB 不同观测噪声协方差对丢包率的估计性能。对比图 3-43 与图 3-44 可知，UKF 算法在绝大多数时间内，估计丢包率性能依旧比 EKF 要好得多，由图 3-43（b）与图 3-44（b）可知，观测噪声的大小对 EKF 滤波的影响要大得多，相较 EKF 估计算法，UKF 具有更好的稳健性，在绝大多数时间里 UKF 滤波误差几乎都可以维持在很低的位置，而 EKF 在估测噪声稍小的时候能表现较好的估计性能。

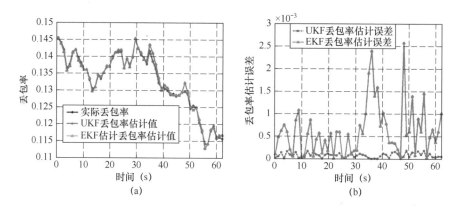

图 3-43　观测噪声为 0.0001 时 Bundle 丢包率

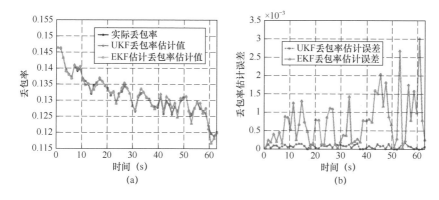

图 3-44　观测噪声为 0.001 时 Bundle 丢包率

按照确认信道拥塞的状态可分两种情况进行分析，在图 3-45 中，设置 Bundle 长度为 20KB，初始误码率为 10^{-6}，并且观测噪声协方差为 0.0001，以上列举的 3 种算法的对比，存储转发定时器（Custody Transfer Retransmission Timer，CTRT）算法能更快收敛，并且一直保持非常好的跟踪效能。对于预测重传定时器（Retransmission Timeout，RTO）算法，在 Bundle 往返时延线性增加期间，与 CTRT 算法相比，RTO 预测的值比实际往返时延大得多。当发生丢包时，CTRT 过大会造成一定的延误，特别是当星上存储内存达到饱和状态时，排队时延不再线性增长，Bundle 往返时延变化趋势平缓时，与 CTRT 算法对比，有较大的波动，说明 RTO 算法不能很好地适应往返时延增长趋势骤然的变化。很显然，当存在排队时延时，延迟确认定时器（Negative Acknowlegment Timer，NAKT）算法几乎是没有价值的。NAKT 算法基于静态传输环境，认为链路的状态保持不变，NAKT 算法设置的重传定时器小于实际往返时延的值，将会带来大量 Bundle 的重传。图 3-46 中其他初始值不变，将观测噪声协方差设为 0.001，曲线基本情况和图 3-45 描述的类似，而由于观测噪声的协方差更大，实际的往返时延波动也随之增大，CTRT 算法和 RTO 算法曲线波动也更大，尤其是 RTO 算法的波动更加明显，而且 RTO 算法在 Buddle 往返时延和排队时延趋于稳定时，同样更加难以迅速收敛到平稳的状态。同样，NAKT 算法更加不能适用于这种情况。上述不同情形下的仿真分析，和其他两种算法相比，CTRT 算法预测的确认保管定时器总是能更加接近 Bundle 实际的往返时延。

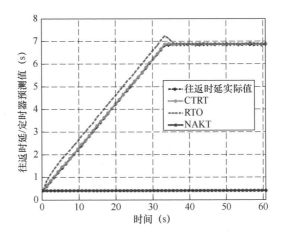

图 3-45　观测噪声 0.0001 时保管重传定时器对比

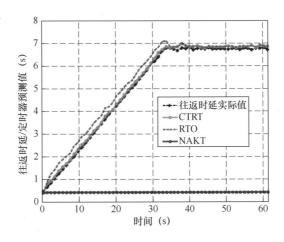

图 3-46　观噪声 0.001 时保管重传定时器对比

以上实验表明，基于 UKF 能实时跟踪链路的状态变化，并与 EKF 估计算法进行对比，证明 UKF 算法在估计性能上具有优越性。设计的保管重传定时器预测算法，能准确预测实际 Bundle 的往返时延值，提高传输的吞吐量。

通过上文对卫星通信链路状态变化的分析，可以得到 Bundle 在单跳链路下比较准确的传输时延估计值。由于 BP 协议的保管-传输机制是只限于 Bundle 单跳可靠确认的，但实际链路往往是需要多跳链路传输才能将 Bundle 从源节点传输到目的节点。下面将分析多跳环境下 Bundle 的传输时延估计模型。Bundle 在多跳环境下的传输模型如图 3-47 所示。

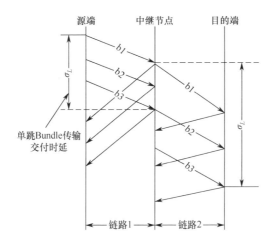

图 3-47　Bundle 多跳传输模型

在图 3-47 中，源节点向中继节点发送 Bundle，当中继节点成功接收后，不需要等到其向源端发送保管确认信号就可向下一跳传输该 Bundle，而由于每个节点的发送速率和处理速度可能存在差异，若前面链路发送 Bundle 的速度比后面链路更快，可能会造成 Bundle 在中继节点向下转发时存在一定的排队等待时间。链路 1 传输 Bundle 的速率大于链路 2 传输 Bundle 的速率，因此，第二个 Bundle（b2）到达中继节点时，第一个 Bundle（b1）向目的节点的传输还没有结束，b2 必须存储在中继节点进行排队，直到 b1 传输完成，才向目的节点发送。由于中继节点正反方向都可能有数据排队的情形出现，瓶颈链路出现在第二跳链路，存储资源更容易受到限制，时延估计算法可以为 Bundle 多跳选路提供参考，有利于快速释放 Bundle。根据上述过程可以推导出文件的单跳传输时延为

$$\hat{T}_{\text{file}} = \sum_{i=1}^{1/(1-P_{\text{ef}}(1))} (1 - \hat{P}_{\text{ef}}(i)) \cdot \hat{P}_{\text{ef}}(i-1) \cdot (\text{RTTUKF}(i) + i \cdot T_{\text{b}}) +$$

$$\text{RTTUKF}(t_k) - \text{RTTUKF}(t_{k-1}) + E[\sum_{a=1}^{N_1} (aT_b \cdot (1 - \hat{P}_{\text{ef}}(t_k)) \cdot \quad (3\text{-}41)$$

$$\prod_{j=1}^{a-1} \hat{P}_{\text{ef}}(t_{k-j}))] - T_{\text{CA}} - \hat{T}_{\text{P}} \left(\sum_{i_0=1}^{L_{\text{file}}/L_{\text{b}}} \frac{1}{1 - \hat{P}_{\text{ef}}(i)} + N_{\text{rto}} \right)$$

注意，文件多跳传输时延不能简单当成单跳时延估计结果的累加。中继节点在正确恢复源端传输的 Bundle 的同时就向下继续转发，而不是等到整个

文件恢复才向下一跳传输，所以，Bundle 在转发的过程中，存在一段时间是多个节点都在执行转发任务的。当然，影响 Bundle 多跳传输时延估计的因素有很多，比如，每个节点的转发能力不一样，面对同样长度的 Bundle，对于转发速率慢的节点，Bundle 滞留的时间也会更长。再者，空间环境复杂多变，每跳 Bundle 的时延和丢包的情况都不一样，如果存在通信状态差的链路，传输时延将大量耗费在对 Bundle 的重传上。卫星通信链路频繁中断，若在转发过程中，某一跳链路出现中断，也会大大地增加多跳传输时延，考虑到卫星运动轨迹可预测，在估计算法上，可将链路中断带来的时延视为常量，不计入多跳传输时延估计算法中。

可以根据式（3-42）估计出每个节点第一次正确恢复 Bundle 的时刻，也就是可以估计出中间节点开始向下传输 Bundle 的时刻。按照单跳传输时延估计模型，可得到当前节点文件单跳传输时延。若链路都连通，文件多跳传输时延应当是单跳传输时延之和减去相邻节点传输 Bundle 重合的时间，文件多跳传输时延的估计值 $\hat{T}_{\text{mutiHop}}$ 可表示为

$$\hat{T}_{\text{mutiHop}} = \sum_{i=1}^{MH} \hat{T}_{\text{file}}(i) - \sum_{i=1}^{MH-1} (\hat{T}_{\text{file}}(i) - \text{Node}_{\text{rel}}(i+1) - \hat{T}_{\text{file}}(i+1)) \quad (3\text{-}42)$$

本章对多跳传输时延估计的仿真将以 LEO-GEO-LEO 的 Bundle 传输为例，LEO-GEO-LEO 组网的优点在前面有所介绍，LEO 与 GEO 及 Bundle 长度、初始误码率、观测噪声等设置参照表 3-16。上述文件多跳传输时延估计算法是基于单跳传输时延的，在以下仿真实验中，将验证单跳及多跳传输时延估计模型的可靠性。

表 3-16　参数设置

参　数	参数描述	数　值
L_{file}（MB）	文件长度	10
R_{bh}（Mbps）	瓶颈链路 Bundle 传输速率	1.6
BER(0)	初始化的误码率	10^{-7}，10^{-6}
C_0	与初始化误码率对应的常量值	106.44，104.22
$R(0)$	测量噪声协方差初始值	0.001
Memory Size（MB）	星上可用内存	2

图 3-48 所示为 LEO-GEO-LEO 链路中第一跳为瓶颈链路的文件传输时延性能，图 3-49 所示为第二跳链路为瓶颈链路的文件传输时延性能，假定链路的初始误码率相同。Bundle 多跳传输时延受到 Bundle 长度、误码率的影响。多跳传输时延在链路误码率较高时，对于 Bundle 长度的增长更加敏感，这是丢包率随 Bundle 长度指数增长引起的，并且在多跳环境下，Bundle 长度越接近门限值时性能越好。当误码率较高时，多跳传输时延的估计略大于误码率低的情况，丢包率的指数增长使得估计存在更大的误差，尤其是当中间节点存在空闲时间，即第二跳链路为瓶颈链路时，多跳传输时延的估计更加依赖丢包率估计的准确性，如图 3-49 所示。Bundle 多跳传输时延还与瓶颈链路所处的位置有关，当第二跳链路为瓶颈链路时，随着 Bundle 长度的增大，传输时延随着增大，这是因为中间节点在正确收到 Bundle 时，Bundle 长度增大，丢包率也随之增加，中间节点对 Bundle 的释放更加困难，中间节点的内存也更容易溢出，文件的传输时延也就相对更高。在图 3-48 与图 3-49 中，多跳文件传输时延模型能较好地跟随实际文件传输时延的变化，验证了模型的可靠性。

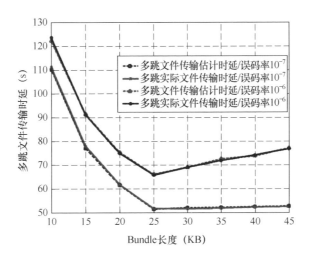

图 3-48　第一跳为瓶颈链路的文件传输时延

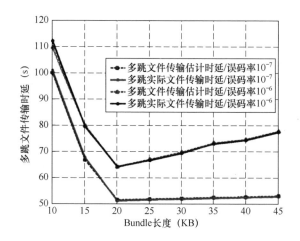

图 3-49　第二跳为瓶颈链路的文件传输时延

3.4.2　DTN 链路的可用带宽估计

可用带宽的估测，是在对业务流量进行测量的基础上，采用一定的估计方法，来得到可用带宽的估计值。根据测量过程中是否需要引入探测流，可将估测方法分为以下两类。

（1）使用被动测量方法在网络中的监测点收集并记录网络的行为，根据收集到的数据推算网络可用带宽。对于被动测量方法，不需要引入探测流，不会对待测网络产生影响。但是，需要在待测网络中部署监测点，对于大规模的网络来说这是一项大工程。另外，被动测量方法需要收集网络中相关的数据信息，这可能触及网络中用户的私密信息。为此，现有网络一般都采用了保密措施，这也限制了被动测量方法的应用。

（2）主动测量方法向待测网络中注入探测流，通过分析探测流的前后变化来估计网络的可用带宽。主动测量得到的可用带宽更加准确，并且测量过程更加可控，其缺点是在探测过程中引入了探测流，这增大了网络开销，甚至可能会引起网络拥塞。

本书提出了以下两种可用带宽估计方法。

1．基于排队论的空间链路可用带宽估计

DTN 节点中 Bundle 流的交付过程如图 3-50 所示。当 Bundle 到达节点队列时，如果队列为空，则直接向下一个节点交付，否则在队列中排队等待，直到前面的 Bundle 交付到下一个节点。为了便于分析，这里假设链路中的 Bundle 具有相同的优先级，且大小一致，为 L。另外，排队规则为先进先出（First-In First-Out，FIFO）。为了不失一般性，假设 Bundle 流服从参数为 a 的泊松分布。因为 Bundle 大小一致，所以，可认为在一个测量周期（一个测量周期时间较短，链路状态的变化很小）内服务时间是不变的，记为 t。那么，这个排队系统可表示为 M/D/1 模型。

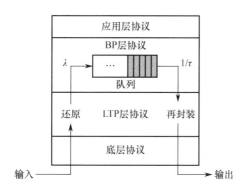

图 3-50　DTN 节点中 Bundle 流的交付过程

对于给定的排队系统，其客户逗留时间的概率密度函数的拉普拉斯变换为

$$w(s) = (1-\rho) \cdot s \cdot B(s) / (s - \lambda(1 - B(s))) \tag{3-43}$$

式中，$\rho = \lambda \cdot \tau$；$B(s)$ 为服务时间的概率密度函数，$B(s)$ 的拉普拉斯变换为

$$B(s) = \int_{-\infty}^{\infty} \exp(-st) \mathrm{d}B(t) = \exp(-st) \tag{3-44}$$

二阶泰勒展开得

$$B(s) = 1 - s \cdot \tau + s^2 \cdot \tau^2 / 2 \tag{3-45}$$

代入求逆变换得

$$w(t) = \frac{2 \cdot (1 - \lambda\tau)}{\lambda\tau^2} \exp\left(-\frac{2 \cdot (1 - \lambda\tau)}{\lambda\tau^2}(t - \tau)\right) \tag{3-46}$$

用最大似然估计得到 λ 的似然函数，并求出平均逗留时间，得

$$\bar{T}_B = \frac{1}{n}\sum_{i=1}^{n} T_B^i = \frac{\lambda' - 2\mu}{2\mu(\lambda - \mu)} + \frac{L_{\mathrm{CA}}}{R} + 2 \cdot T_{\mathrm{pro}} + T_{\mathrm{noise}} \qquad (3\text{-}47)$$

式中，T_{pro} 和 T_{noise} 分别表示一段时间内的链路平均传播时延和平均随机时延模型误差。

前文分析了一段时间内平均 Bundle 交付时延和链路中 Bundle 流的关系。这里，引入探测流以便于进行可用带宽的估计。为了不改变链路中原Bundle 流的泊松性质，探测流选为确定性发送模型，且探测 Bundle 之间的发送包间隔一定（根据链路中原 Bundle 流的疏密情况确定，可能不需要探测流），探测 Bundle 和原 Bundle 的大小一致，那么 Bundle 的探测过程如图 3-51所示。

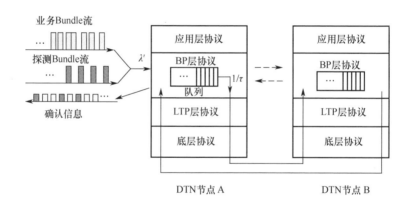

图 3-51　Bundle 的探测过程

由图 3-51 可知，引入了探测流之后，链路中的 Bundle 流为原 Bundle 流与探测流之和。通过随机填充比特生成一系列大小为 L_b 的探测 Bundle，以初始发送包间隔 g 向待测链路发送，即探测 Bundle 流的发送速率为 R（其中 $R = L_b / g_i$）。发送节点根据接收节点反馈的确认信息计算相应 Bundle 的交付时延和传播时延，从而可以得到交付时延集合 $\{T_B(i)\}$、传播时延集合 $\{T_{\mathrm{pro}}(i)\}$ 及 Segment 丢失率 P_{seg} 的统计信息，进而可以得到一段时间内的平均统计信息分别为平均交付时延 avg_T_B、平均传播时延 $\mathrm{avg}\_T_{\mathrm{pro}}$，再根据式

（3-16）可以得到链路中总的 Bundle 流速率的估计值。链路中总的 Bundle 流等于原 Bundle 流（又称背景流，记为 NTtraffic）与探测 Bundle 流（又称探测流）之和，进而可得到可用带宽的估计值ab′。特别地，探测 Bundle 流的发送速率 R 需要根据实际情况进行适当的调整。

根据以上分析，这里给出算法主要部分的伪代码，如表 3-17 所示。

表 3-17　Bundle 流估计算法

算法 I　Bundle 流估计算法
1：**INPUT:** $\{T_B(i)\}$，$\{T_{pro}(i)\}$，R_s，L_{RA}，L_{seg}，L_{shead}，P_{seg}
2：**OUTPUT:** NTtraffic，ab
3：$\tau \leftarrow f(R,L_B,L_{seg},L_{shead},P_{seg})$ //计算平均交付时延
4：$avg\_T_a \leftarrow \{T_B(i)\}$ //计算平均交付时延
5：$avg\_T_{pro} \leftarrow \{T_{pro}(i)\}$ //计算平均逗留时间
6：$\lambda \leftarrow estmation(avg_{T_B},avg_{T_{pro}},L_{RA},R)$ //估计网络流量
7：NTtraffic $\leftarrow \lambda'$ //估计链路中 Bundle 流
8：ab′ $\leftarrow$ NTtraffic //估计可用带宽
9：**Return** NTtraffic,ab′

初始化参数设置如表 3-18 所示，由图 3-52 和图 3-53 可知，估计结果接近于平均背景流大小，且由于背景流和可用带宽的关系，两者的估计误差一致。每组实验中，开始几个估计值与平均背景流大小偏差较大。这是因为背景流的泊松分布的特性，即泊松流有一个逐渐增大到稳定的过程，因此，实际上估计结果是较准确的，且反映了背景流的实际变化情况。

表 3-18　初始化参数设置

参数	参数描述	取值
L_{seg}	Segment 负载大小	1480B
L_{shead}	Segment 头部大小	20B
L_{CA}	确认信号大小	100B
R	数据传输速率（链路带宽）	2Mbps
$P_e(0)$	初始误码率	10^{-6}
E_0	与初始误码率对应的常量值	102.53
$T_{pro}(0)$	初始传播时延	0.12253
$T'_{pro}(0)$	初始传播时延的变化率	1.7038×10^{-5}
$T''_{pro}(0)$	初始传播时延变化率的变化率	4.9187×10^{-9}

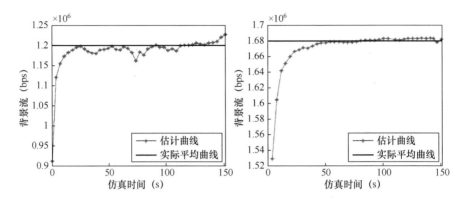

图 3-52　不同背景流速率下的仿真结果

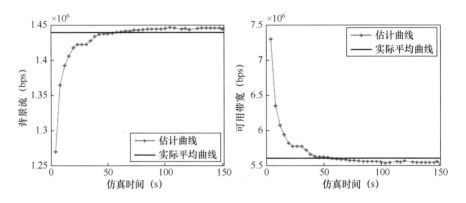

图 3-53　背景流量和可用带宽的估计结果

　　为了考察 Bundle 大小对估计结果的影响，在其他条件不变的情况下，改变 Bundle 大小，并分别进行多组实验。图 3-54 中给出了不同 Bundle 大小下的每组实验的均方根误差（Root Mean Squared Error，RMSE）。从图 3-54 中可知，Bundle 较大时估计结果较稳定。根据前面的分析可知，Bundle 大小和其服务时间、在系统中的逗留时间均正相关，且 Bundle 越大，反馈信息所需时延和传播时延在测量结果中的占比越小，相应地，这些变量对估计结果所产生的影响也就越小。

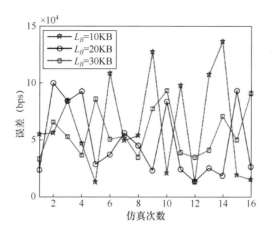

图 3-54　不同 Bundle 大小下的估计误差比较（λ=5Bundles/s）

2. 基于 UKF 的可用带宽估计算法

之前介绍过将 UKF 用于传输时延估计的算法，本节在带宽估计中采用了类似的方法推导出了基本状态方程和测量方程。将系统的状态方程描述为

$$
\left\{
\begin{array}{l}
A(k+1) \\
T_{\mathrm{pro}}(k+1) \\
T'_{\mathrm{pro}}(k+1) \\
T''_{\mathrm{pro}}(k+1) \\
P_{\mathrm{ef}}(k+1)
\end{array}
\right\}
=
\left\{
\begin{array}{c}
A(k)+\Delta A(k) \\
T_{\mathrm{pro}}(k)+T'_{\mathrm{pro}}(k)\cdot T + T''_{\mathrm{pro}}(k)\cdot \dfrac{T^2}{2} \\
T'_{\mathrm{pro}}(k)+T''_{\mathrm{pro}}(k)\cdot T \\
T''_{\mathrm{pro}}(k) \\
P_{\mathrm{ef}}(k)
\end{array}
\right\}
+ w(k)
\qquad (3\text{-}48)
$$

式中，$\Delta A(k)=A(k)-A(k-1)$，作为控制量。

UT 变化的原理与时延估计类似，整个基于 UKF 的带宽估计算法流程如图 3-55 所示，算法主要分为时间更新（预测）和状态更新（校正）两个阶段。

（1）时间更新阶段，主要预测下一步的 sigma 点集和状态量，并对预测值进行 UT 变换，获取新的 sigma 点集，进而得到观测量预测值、系统预测的均值和协方差。

（2）状态更新阶段，主要根据观测值更新系统协方差、系统状态量，计算卡尔曼增益。

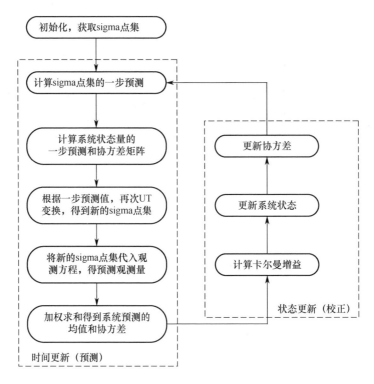

图 3-55　更新流程

本算法也在数值计算软件 MATLAB 上进行了仿真验证。参数设置与上一节中基于排队论的带宽估计一致，且实验中 Bundle 大小为 10KB，测量方差为 0.001。根据图 3-56 和图 3-57 所示的结果可知，本算法可以很好地跟踪背景流的变化，较准确地估计出链路的可用带宽。可以看到，估计曲线在真实曲线的附近波动，这主要是由于每次测量对链路中背景流的捕捉程度不一样，导致估计结果的波动。另外，当背景流变化时，估计结果可能会出现滞后的现象，这是因为背景流具有一定的时间相关性，一般来说，相关性越小，滞后现象越不明显。

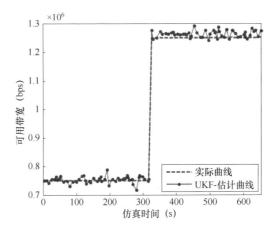

图 3-56　背景流突变情况下的实验结果

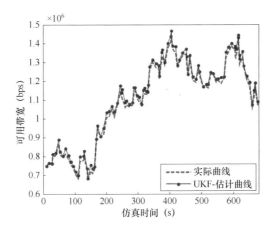

图 3-57　背景流时变情况下的实验结果

　　另外，为了验证算法的性能，这里将对基于 UKF 和基于 EKF 的估计算法进行比较。图 3-58 所示为背景流非时变但有一次突变情况下的实验结果。结果表明，UKF 比 EKF 的估计误差小，且对于发生突变后的估计结果不会产生明显的累积误差。图 3-59 和图 3-60 所示为背景流时变情况下的两组实验结果，结果表明了在背景流时变的情况下，UKF 比 EKF 具有更高的准确性，且算法性能也更稳定些。在图 3-58 和图 3-60 中，一开始 UKF 和 EKF 的估计误差相近，后面由于背景流的变化，EKF 的估计误差变大。这是由于 EKF 中对非线性函数进行线性优化时忽略了高阶项，稳定性比较差。

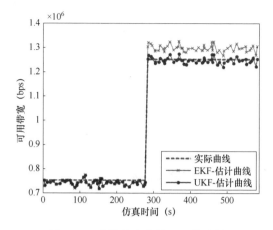

图 3-58　背景流突变情况下的比较

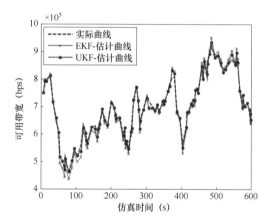

图 3-59　背景流时变情况下的比较（一）

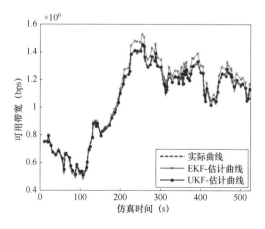

图 3-60　背景流时变情况下的比较（二）

我们采用不同大小的 Bundle 来考察对 UKF 算法的影响时发现 UKF 的 RMSE 均保持在一定范围内，说明改变 Bundle 大小对本算法的估计准确性几乎没有影响，如表 3-19 所示。

表 3-19　不同 Bundle 大小的 UKF 算法 RMSE（1e−4）比较

10KB	1.1354	2.4829	1.7122	1.1084	0.9845	2.5038	1.8611	2.5944	2.1934	1.4950
20KB	1.2394	1.2169	2.5745	1.4334	1.8350	1.3565	1.2647	1.6821	1.6821	1.5326
30KB	1.6428	1.6989	1.1150	1.7836	1.5801	1.3843	2.0379	2.0389	2.0490	1.7269

当改变测量噪声方差时，虽然对 UKF 算法有影响，但是 UKF 算法在每个噪声水平下都比 EKF 估计算法的 RMSE 要低，说明其算法稳定性高于 EKF 估计，如表 3-20 和表 3-21 所示。

表 3-20　背景流非时变、测量噪声方差为 1e−3 时 UKF 与 EKF 算法 RMSE（1e−4）比较

| UKF | 2.5509 | 2.4015 | 2.1082 | 1.7854 | 1.8517 | 1.3868 | 1.3170 | 1.1723 | 1.7051 | 1.6125 |
| EKF | 5.8262 | 2.9585 | 3.4480 | 3.1210 | 5.1877 | 4.4459 | 3.7711 | 3.9575 | 3.5292 | 3.3025 |

表 3-21　背景流非时变、测量噪声方差为 1e−4 时 UKF 与 EKF 算法 RMSE（1e−4）比较

| UKF | 0.3863 | 0.4810 | 0.3525 | 0.5470 | 0.3622 | 0.4769 | 0.3723 | 0.4009 | 0.3744 | 0.3753 |
| EKF | 3.9275 | 4.0542 | 3.7944 | 3.8016 | 3.8659 | 3.8098 | 3.7680 | 3.9354 | 3.8730 | 3.9461 |

从以上结果可以看出，基于 UKF 的带宽估计算法对测量噪声方差较为敏感，并且本算法的估计准确性不受 Bundle 大小的影响。

参考文献

[1]　FALL K. A delay-tolerant network for challenged internets[C]// In Proceedings of the 2003 Conferenceon Applications, Technologies, Architectures, and Protocols for Computer Communications, Karlsruhe Germany 25-29 Auguest 2003; ACM: New York, USA, 2003: 7-34.

[2]　FARRELL S, CAHILL V, GERAGHTY D, et al. When TCP breaks: delay and

disruption-tolerant networking[J]. IEEE Internet Computing, 2006, 10: 72–78.

[3] LLOYD W, WESLEY M E, WILL I, et al. Saratoga: a delay-tolerant networking convergence layer with efficient link utilization[C]// 2007 International Workshop on Satellite and Space Communications, September 13-14, 2007, Salzburg, Austria. New York: IEEE, 2007: 168-172.

[4] 吴一鹏. 基于动态图的卫星网络 DTN 路由算法研究[D]. 黑龙江：哈尔滨工业大学，2015.

[5] WANG H, WANG H, TAN J, et al. A delay tolerant network routing policy based on optimized control information generation method[J]. IEEE Access, 2018, 6: 51791-51803.

[6] IGARASHI Y, MIYAZAKI T. A DTN routing algorithm adopting the "community" and "centrality" parameters used in social networks[C]// 2018 32nd International Conference on Information Networking, January 10-12, 2018, Chiang Mai, Thailand. New York: IEEE, 2018: 211-216.

[7] WEI Y, WANG J. A DTN routing algorithm based on traffic prediction[C]// 2015 8th International Conference on Intelligent Networks and Intelligent Systems, November 01-03, 2015, Tianjin, China. New York: IEEE, 2015: 66-69.

[8] JOE I, KIM S B. A message priority routing protocol for delay tolerant networks （DTN）in disaster areas[C]// Future Generation Information Technology, December 13-15, 2010, Berlin, Heidelberg. Berlin: Springer, 2010: 727-737.

[9] LI Y, LI Y, WOLF L, et al. A named data approach for DTN routing[C]// 2017 Wireless Days, March 29-31, 2017, Porto, Portugal. New York: IEEE, 2017: 163-166.

[10] OGURA K, UEDA H, FUJITA N. A scalable DTN routing protocol for an infra-less communication system[C]// 2013 IEEE 37th Annual Computer Software and Applications Conference, July 22-26, 2013, Kyoto, Japan. New York: IEEE, 2013: 818-819.

[11] HUAKAI Z, GUANGLIANG D, HAITAO L. A self-adaptive deep space DTN Routing model[C]// 2016 7th IEEE International Conference on Software Engineering and

Service Science, August, 26-28, 2016, Beijing, China. New York: IEEE, 2016: 333-336.

[12] QIAN H, YANG L, XIUMEI F. A study on buffer efficiency and surround routing strategy in delay tolerant network[C]// Eighth IEEE International Conference on Dependable, Autonomic and Secure Computing, December 12-14, 2009, Chengdu, China. New York: IEEE, 2009: 566-570.

[13] SOBIN C C, RAYCHOUDHURY V, MARFIA G, et al. A survey of routing and data dissemination in delay tolerant networks[J]. Journal of Network and Computer Applications, 2016, 67: 128-146.

[14] ZHU Y, XU B, SHI X, et al. A survey of social-based routing in delay tolerant networks: positive and negative social effects[J]. IEEE Communications Surveys and Tutorials, 2013, 15(1): 387-401.

[15] GREIFENBERG J, KUTSCHER D. RDTN: An agile DTN research platform and bundle protocol agent[C]// Wired/Wireless Internet Communications, 2009.

[16] WANG H, SONG L, ZHANG G, et al. Timetable-aware opportunistic DTN routing for vehicular communications in battlefield environments[J]. Future Generation Computer Systems-the International Journal of Escience, 2018, 83: 95-103.

[17] SUN Y, LIAO Y, ZHAO K, et al. Utility-based delay tolerant networking routing protocol in VANET[J]. Communications, Signal Processing and Systems, 2019.

[18] WU Y, YANG Z, ZHANG Q. A novel DTN routing algorithm in the GEO-relaying satellite network[C]// 2015 11th International Conference on Mobile Ad-hoc and Sensor Networks, December 16-18, 2016, Shenzhen, China. New York: IEEE, 2015: 264-269.

[19] HUANG M, CHEN S, ZHU Y, et al. Topology control for time-evolving and predictable delay-tolerant networks[J]. IEEE Transactions on Computers, 2013, 62(11): 2308-2321.

[20] LI F, CHEN S, HUANG M, et al. Reliable topology design in time-evolving delay-tolerant networks with unreliable links[J]. IEEE Transactions on Mobile Computing, 2015, 14(6): 1301-1314.

[21] MERUGU S, AMMAR M, ZEGURA E. Routing in space and time in networks with predictable mobility[J]. Georgia Institute of Technology, 2004.

[22] HAY D, GIACCONE P. Optimal routing and scheduling for deterministic delay tolerant networks[C]// International Conference on Wireless On-demand Network Systems & Services, February 02-04, 2009, Snowbird, UT, USA. New York: IEEE, 2009: 27-34.

[23] WANG F, THAI M T, DU D Z. On the construction of 2-connected virtual backbone in wireless networks[J]. IEEE Transactions on Wireless Communications, 2009, 8(3): 1230-1237.

[24] HUANG S C H, WAN P J, VU C T, et al. Nearly constant approximation for data aggregation scheduling in wireless sensor networks[C]// Proceedings of the 26th IEEE International Conference on Computer Communications, May 06-12, 2007, Anchorage, AK, USA. New York: IEEE, 2007: 366-372.

[25] XU X H, LI X Y, MAO X F, et al. A delay-efficient algorithm for data aggregation in multihop wireless sensor networks[J]. IEEE Transactions on Parallel & Distributed Systems, 2011, 22(1): 163-175.

[26] FERREIRA A, GOLDMAN A, MONTEIRO J. Performance evaluation of routing protocols for MATNETs with known connectivity patterns using evolving graphs[J]. Wireless Networks, 2010, 16(3): 627-640.

[27] 荆莹. 基于时变连通支配集的多层卫星网络路由算法[D]. 黑龙江：哈尔滨工业大学，2017.

第 4 章

空间 DTN 缓存分发策略

随着信息技术的飞速发展、移动终端及物联网设备的普及，网络流量、网络规模呈现爆炸式增长，这使得人们对于未来网络的性能提出更严苛的要求。较小的接入时延和随时随地的接入能力已经成为未来网络技术的发展趋势。传统地面网络拥有较高的传输性能，然而，其受限于地理因素、基础设施部署开销昂贵及回传链路瓶颈等问题日益严峻。近年来，由卫星、无人机、高空飞艇等组成的空间信息网络由于具有覆盖范围广、不受地理条件约束且链路间抗毁能力强的优点被广泛应用于各种应急场景中，如利用卫星通信系统在灾难环境下提供更安全的通信方式[1]。卫星网络可以为便携式设备提供卫星通信连接，以便在现场实现快速部署，同时可为固定用户和移动用户提供通信服务。另外，随着网络数据量的急剧增长和海量设备的连接，传统地面网络回传链路瓶颈问题越发严重。5G 的成熟催生了一种与卫星结合的网络架构，利用卫星节点或者星间链路作为回传链路可减轻传统地面网络的传输负载。利用卫星网络为大量移动设备或物联网设备提供分发服务已经成为未来网络的发展趋势。

近年来，由于信息中心网络（Information-Centric Networking，ICN）适用于发布/订阅范式的特点和特有的网内缓存机制，成为 LEO 星座和地面用户混合网络的新候选解决方案。网内缓存机制主要是指将一些流行度较高的文件的副本存储在离用户较近的节点中，在有效减少用户的等待时延和数据传输开销的同时，还可以将数据源节点处的负载压力分摊到整个网络中。但是由于存储资源的限制，在一些特殊网络内，如卫星网络、传感器网络等存储资源更为宝贵的环境下，存储内容和存储资源的范围必须有所取舍。尤其对于 LEO 星座来说，如何在一个时变拓扑结构中找到一组合适的缓存节点成为实现高性能数据分发业务的技术难点。本章将以卫星网络作为空间信息网络的典型场景，探讨空间 DTN 中的缓存分发策略。

4.1 空间 DTN 的文件部署策略

随着卫星网络和星上处理能力的快速发展，网络内的文件缓存部署成为可能。文件的缓存部署将给网络的内容分发带来好处[2]。从用户角度出发，将内容缓存在离用户近的节点上可以减小内容访问时延，进而可以提升用户体验质量（Quality of Experience，QoE）。从内容提供者的角度出发，用户的请求可以在网络节点的缓存中得到响应，因此，不必去内容提供者的服务器中获取数据，可以减轻内容提供者服务器的负载，节约带宽资源，减少网络拥塞。当内容提供者离线时，网络节点的缓存可以继续为用户提供内容。

4.1.1 网络连通度

在过去 20 年中，卫星网络引起了学术界和工业界的广泛关注，其在民用和军用领域的应用越来越多。与地面网络相比，卫星网络具有覆盖面广、信号传播距离远、不受地理环境限制等特点，在宽带接入、广播电视、气象预测、环境与灾害监测、资源探测、导航定位、个人移动通信等方面被广泛应用，在船只、飞行器乃至航天器通信方面也起到了至关重要的作用。航天器通信需要通过多层卫星网络（Multilayered Satellite Networks，MSN）进行数据中继传输，保证大量数据及时回传。但卫星通信距离远、围绕地球进行周期性运动、网络拓扑动态变化，导致在信息传输中存在传播时延大、误码率高、往返链路不对称及间歇性连接等问题[3]。此外，卫星能量、计算资源和存储资源十分有限，与地面网络相比，星上数据处理能力较低、信息传输带宽有限。

图 4-1 所示为多层卫星网络缓存模型。多层卫星网络系统通常由 LEO、MEO、GEO 卫星层组成。LEO 卫星的优势在于其轨道高度低，与地面通信时延小，但覆盖面积相对较小。GEO 卫星轨道高度相对较高，覆盖面积大，星地链路稳定，但与地面通信时延较大。MEO 卫星介于二者之间。相比单层卫星网络，多层卫星网络可充分利用不同卫星的特点高效组网，从而提高卫星网络的总体性能。

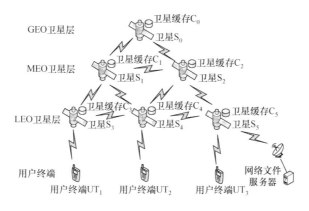

图 4-1　多层卫星网络缓存模型

空间信息网络是一个复杂、多层次、异构的三维动态网络，网络节点的类型和功能多种多样，使用不同的组网方式会形成不同的拓扑结构[2]。主要的组网方式有以下几种。

（1）根据物理分层进行划分。空间信息网络涉及太空、临近空间、近空与地面，因此，可以根据网络节点所处的层次进行区域划分，进而按需建立网络拓扑及网络协议。部分研究工作按照物理分层提出了三维 Mesh 空间信息网络模型[4][5]。

（2）根据功能域进行划分。空间信息网络中的网络节点种类与功能不一，可以将属性类似的节点划分为不同的集合，不同集合可以通过边界节点进行信息交换。同时在任一集合内，都可再按照功能属性进一步细分，划分为更小的集合。通过此种划分方法可以将动态的空间信息网络解耦合为若干静态的局部子网络，从而提高整体网络的通信效率及管理控制效率。有些研究按照节点的功能域进行划分，得到了基于分层自治域的空间信息网络模型[6]。

（3）根据数据流进行划分。空间信息网络中的节点之间必然要进行信息交换，从而就有了数据的流向。有研究提出结合数据即中心（Data as a Center，DaaC）的思想，从数据的视角出发来构建网络模型，适应了大数据时代的趋势[7]。

（4）根据时变拓扑进行划分。空间信息网络中的节点在各自的轨道上保持高速运动，节点之间的链路会随着运动状态时刻切换，使得一个周期内每个时间片的拓扑都不相同。有些研究引入了时效网络，根据时间片构建了静态的多层空间信息网络模型[8]。由于空间信息网络的组成成分复杂，节点属性差异性大，因而，可以从不同的测度搭建完整的空间信息网络体系。研究整个空间信息网络组网的工作量十分庞大，因而，许多研究者着重对卫星网络的拓扑进行了研究。

卫星网络不同于整个空间信息网络系统，卫星节点之间的属性相差不大，因而研究者对卫星网络进行组网的工作相对简单，通常从卫星网络的全球覆盖性或者抗毁性等方面进行考虑。卫星网络的组网结构分为单层和多层，其中多层卫星网络更稳定、功能结构更复杂，图 4-2 所示为两种不同的卫星网络组网结构。

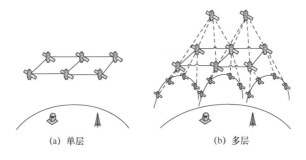

(a) 单层   (b) 多层

图 4-2　两种不同的卫星网络组网结构

低轨卫星网络中的卫星在高速运行时，网络拓扑结构不断变化，星间链路会跟随卫星相对位置的变化而频繁地断开或重建。卫星网络的时变性给分析卫星星座抗毁性提出了挑战。卫星星座抗毁性测度指标可以用自然连通度来计算。自然连通度一般用于分析无权无向且拓扑结构静态的网络。在研究低轨卫星网络拓扑结构抗毁性时，首先要每隔一段时间对卫星网络的拓扑结构进行取样，计算其邻接矩阵的特征值，得到每个取样时刻卫星网络的自然连通度值 $\overline{\lambda_i}$。在此基础上，整个卫星网络动态变化过程的自然连通度值就是 T 个取样时刻自然连通度 $\overline{\lambda_i}$ 之和。由此，卫星网络抗毁性测度指标 S 可由下式计算得出：

$$S = \sum_{i=1}^{T} \overline{\lambda_i} \tag{4-1}$$

4.1.2 缓存节点选择算法

网内缓存策略近年来受到了广泛的关注，该策略将要分发的文件下沉到距离用户较近的缓存节点中，用户直接从缓存节点获取所需文件，来缓解回传链路的传输压力。网内缓存技术应用在时变拓扑网络中可以有效克服链路中断频繁问题，保证端到端数据分发的传输性能。在卫星网络中，将分发内容缓存在卫星节点中可以缓解星地上行链路传输资源受限的问题。在缓存节点的选择上，需要与网络拓扑的变化相匹配，才能更好地保证数据分发性能。此外，文件通常希望被缓存在距离用户较近的位置。对于低轨星座来说，其覆盖范围广，用户分布范围大，卫星间由于距离和网络拓扑的影响，传输性能较差，最优的策略是将文件的副本存在每个卫星节点中，这样用户可以用最短的时间获得需要的文件。然而，每个卫星能搭载的缓存空间是有限的，这显然是不实际的。

现在被广泛用于对时变网络拓扑变化进行描述的动态图模型包括时空图（STG）和事件驱动图（EDG）等[9]。在此基础上，本书提出了跨时隙有向图（CSG）、代价事件驱动图（CEDG）和更新离散图（UDG）等多种时变图模型。

为了克服动态链路频繁中断的影响，本书希望将文件缓存在连通性较高的节点中。连通性是图的基本属性之一，可以采用点连通度、边连通度等指标来度量图的连通性。一般来讲，我们认为一个网络拓扑图模型的连通性越好，网络中任意两个点之间的传输路径越多，则该网络传输性能及抗毁性能也就越强。根据这一网络特点，在静态拓扑网络中通过在图中构建连通支配集来搭建骨干网，通过保证骨干网的连通性来保证整个网络的传输性能和抗毁性。因此，将骨干网作为缓存节点，可以保证网络中用户获取文件的传输性能。

对于卫星网络的动态拓扑变化，本书在时变图的基础上，重新定义了时间演进的支配集和连通支配集，以此来构建动态网络的骨干网。由于连通支配集保证了网络的连通性，因此本书将文件缓存在连通支配集中，保证分布在各地的用户都可以更快地接入缓存节点，以此来保证数据缓存的可靠性及分发的有效性。

4.2 空间 DTN 的文件替换算法

卫星的高速移动会导致星间链路频繁中断，卫星与卫星之间、卫星与地面基站之间的远距离会导致卫星网络比普通地面网络节点之间的传输时延要大得多。同时，卫星节点的存储资源和计算能力都十分有限，如何提高卫星资源利用率和数据分发性能是一个值得探索的重要问题。内容中心网络（Content-Centric Networking，CCN）作为一种新颖的网络架构，其网内缓存机制成为重要研究方向，其被引入星地混合网络中。其中，缓存替换策略是 CCN 的重要研究方向[10]，节点的缓存替换决策直接影响整个卫星 CCN 的文件分发效率和资源利用率。因此，许多关于 CCN 架构的缓存替换策略被相继提出[11]。

替换策略指的是当节点已经没有剩余缓存空间来缓存新的文件时，根据某些决策来决定替换掉节点中已经缓存的文件，腾出空间缓存新的文件，从而提高网络数据的多样性。传统的替换策略主要有 LFU 算法、LRU 算法和 FIFO 算法等。但是传统的替换策略几乎没有考虑到内容流行度的影响[12]，特别是在卫星网络中节点的缓存空间十分有限的情况下，几乎每次新内容的到达都会发生一次文件替换。因此，许多关于优化缓存替换策略的研究被提出。文献[13]提出了 ProbCache 缓存策略，该算法根据路径的长度来决定节点缓存数据包的概率。通过计算当前节点与请求节点之间的距离来设定缓存概率，尝试将文件缓存在离用户更近的节点中。文献[14]提出了一种通过设计内容安排来提高缓存效率的方法，它设定了几个缓存角色，将不同的缓存角色分配给网络中不同的层。离客户最近的那一层只缓存受欢迎的内容；上一层用于存储各种各样的内容来增加网络中存储内容的多样性。

4.2.1　文件流行度

使用大数据、机器学习、深度学习进行预测分析是最活跃的研究领域之一，深度学习通过使用来自训练集的已知数据来简化复杂的决策任务。深度学习最重要的是收集用来训练的正确数据集，以便网络可以训练并在输入实际数据时预测结果。神经网络是深度学习的支柱，深度学习最常用的算法之一是循环神经网络（Recurrent Neural Network，RNN）。典型的前馈神经网络无法适用于模型输入为动态的情况，因为前馈神经网络在用数据进行训练后得到的结果是静态的。然而，与前馈神经网络相反，循环神经网络就非常适合动态的输入。

卫星节点的缓存资源稀缺，对于网络中流行的内容，会有很多相同的请求在路径中传播，这会造成许多不必要的开销，还会导致在同一时刻大量卫星节点都存储相同的内容。为了避免过大的文件传输时延和大量的缓存资源浪费，已经有多项工作开展了卫星网络的网内缓存研究，其中大部分采用分布式策略，将文件流行度高的内容缓存在离用户较近的卫星上。但在当前的研究中，对流行度的判断并不准确。目前大多数关于缓存策略的研究，只是通过请求频率简单估计文件流行度，这种方法在每次收到文件时都需要重新计算访问频率，并且无法在文件的流行度或卫星区域的覆盖范围发生变化时及时调整文件缓存位置，准确度并不高。目前，地面网络中有许多关于互联网数据流行度预测的深度学习模型，大多数预测模型都是基于特征进行预测的。然而，对于卫星网络来说，还不清楚真正影响流行度的特征有哪些。同时，由于拓扑结构的变化，卫星的一些基本结构特征，如周围连接的节点数量、卫星的覆盖范围、文件传输的路径等都会随时隙不断

空间 DTN 技术

变化。因此，大部分基于特征的预测模型对卫星网络来说并不适用。

本书基于典型的大规模数据访问服务（如远程移动访问、工业物联网和热数据分发），建立了卫星集成内容中心网络（Satellite-integrated Content Centric Networking，SCCN），该网络由 N_S 个 LEO 卫星和必要的卫星间链路组成，用来实现大覆盖面积和低接入时延。在 SCCN 的典型体系结构中，这些卫星节点都配备了缓存功能，用来暂时存储大量的文件副本，假设所有卫星节点都拥有相同大小的缓存。在该网络中，路由算法将基于内容名称执行，内容名称由在块级传输数据的用户驱动。在 SCCN 中有两种类型的数据包：兴趣包和数据包。假设整个任务区域被 N_S 个虚拟位置所覆盖，这些虚拟位置不会改变，并由最近的卫星填充，表示为 $S = \{s_i | 1 \leq i \leq N_S\}$。图 4-3 演示了一个基于 SCCN 进行文件分发的实例，FIB 为转发表（Forwarding Information Base），PIT 为请求状态表（Pending Interest Table）。

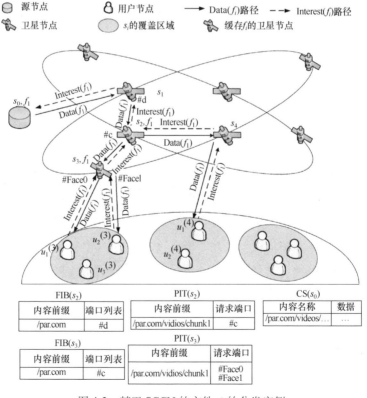

图 4-3　基于 SCCN 的文件 f_i 的分发实例

通常，目标内容的发布源被称作发布者或源节点，表示为 s_0，生成目标内容文件的任何节点（如卫星节点、地面基站等）都可以被称为源节点。数据的请求者被称为订阅者或用户终端节点，任何尝试请求目标数据的节点都可以被称为用户终端节点。假设每个虚拟位置只服务存在于其传输范围内的用户 $u_j^{(i)} \in U_{S_i} = \{u_j^{(i)} | 1 \leq j \leq N_U\}, i = 1, \cdots, N_S$，其中 N_U 是虚拟节点所服务的用户总数。因此，网络中的所有节点集合包括虚拟节点集 S 和用户终端节点集 U。整个文件集合可以表示为 $F = \{f_m | 1 \leq m \leq M\}$，其中 M 是文件集的大小，每个文件 f_m 的大小为 c_{f_m}。在所提出的网络中，文件的受欢迎程度在不同的区域有着不同的分布，并将随着时间的推移而改变。

根据前文定义的优化问题，找到最优缓存文件集的最重要因素是获得每个文件在未来的流行程度。机器学习（Machine Learning，ML）的主要目标是开发一种无须显式编程即可从经验中学习的框架，即训练数据集。其中，深度学习（Deep Learning，DL）是 ML 中的一种监督学习框架，基于 DL 的模型包含大量学习函数的组合，使用概念的分层结构。DL 算法的变体主要包括卷积神经网络和 RNN，本章将使用 RNN 对 SCCN 中的文件流行度进行预测。首先介绍了卫星节点度（Satellite Node Degree，SND）的概念。SND 越高，代表周围与其星间链路连通的卫星节点数量越多。那么，对于用户 $u_j^{(i)}$ 向卫星 i 申请文件 f_m，位于 f_m 的转发路径上经过的节点，其节点度越高，它周围的节点向此节点申请文件 f_m 的概率就越大。

如图 4-4 所示，s_1 是一个 SND 值较高的节点，当 s_3 和 s_4 请求文件 f_m 时，它们的转发路径需要经过 s_1。因此，当 s_0 缓存文件 f_m 时，s_1 的周围节点可能直接从 s_0 而不是源节点获得文件 f_m，那么，对 s_0 来说，s_1 具有更高的 SND 值，会给 f_m 的流行度带来正向影响。因此，具体计算需要考虑文件的整个转发路径，通过神经网络训练得到路径上的每个节点对节点 i 的文件 f_m 流行度的影响程度，通过深度学习的方式，训练得到路径上节点的节点度特征。整个流行度预测模型如图 4-5 所示，该预测模型主要由观测路径收集、节点嵌入矩阵、深度学习神经网络 3 部分组成。

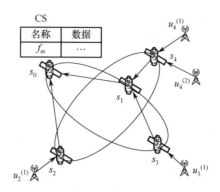

图 4-4　SND 对流行度的影响

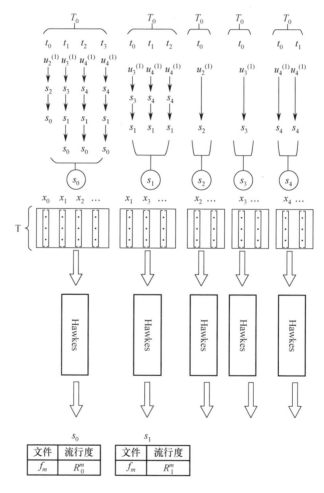

图 4-5　流行度预测

4.2.2　文件替换算法

在一个典型的 CCN 中，在用户发出的请求兴趣包得到响应后，数据包将会沿着原始路径返回。然而，由于卫星节点具有移动性，网络拓扑随着时间的推移而变化，使得返回路径部分调整或根本不存在，导致 PIT 和 FIB 中写入的信息不正确，数据包无法找到请求节点。一般来说，时变卫星网络拓扑结构是周期性的，LEO 卫星星座拓扑图根据地球卫星的轨道动力学可以预测，可以很好地设计用于屏蔽 SCCN 的拓扑变化。

第 2 章介绍了几种常见的屏蔽卫星动态拓扑的方法。其中，基于虚拟拓扑的路由策略必须使用大量的存储资源来存储所有拓扑变化，计算复杂度高，并且一旦有某颗卫星节点失效，此方法就会失效，适用性差。SCCN 不仅需要静态的拓扑结构，还需要长时间采集同一地区的数据信息。因此，本节使用虚拟节点策略对 SCCN 网络建模。虚拟节点策略利用卫星运动规律来设置虚拟位置，根据卫星节点的虚拟位置形成覆盖地球的虚拟网络。这个虚拟网络中的节点称为虚拟节点。在任何时候，每个虚拟位置都由最近的卫星节点填充。因此，卫星节点与其虚拟位置没有永久关联，虚拟位置将由同一平面的后一颗卫星接管。在虚拟节点策略下，只需要将内容提前缓存到距离虚拟位置最近的卫星节点，从而克服了卫星运动引起的路径变化问题，并可以稳定地收集不同区域的数据信息。

本节以参数为 M、N、P 的 Walker 星座为例，其中，N 是轨道平面的数量，M 是每个轨道上的卫星数量，P 是相位因子。首先将地球划分为 $N \times M$ 个网格，每个网格对应一个虚拟位置，则整个地球被卫星填充的虚拟位置所覆盖。给定星座参数，可以得到每个虚拟位置的经纬度范围。本节使用虚拟位置左下角的坐标作为虚拟节点的标号。因此，虚拟节点数可以表示为$<n,m>$，其中 $n = 0,1,2,\cdots,N-1$；$m = 0,1,\cdots,M-1$。如图 4-6 所示，阴影区域确定的虚拟节点由第三个轨道平面的第四颗卫星 C 坐标唯一确定。因此，阴影区域的标号为 $<n,m>=<2,3>$。在确定虚拟节点坐标后，每个坐标唯一地对应于一组经度值、纬度值，即 $<n,m>\leftrightarrow<L\_o,L\_a>$。当虚拟节点对应的卫星节点要行驶出虚拟位置时，会计算周围卫星节点与此虚拟位置的距离，根据未来的运行轨道和距离来选择将来会进入的虚拟位置，并且将距离最近的卫星节点作为下一个虚拟节点。

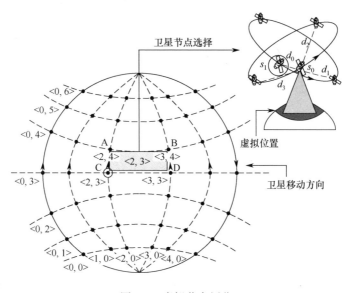

图 4-6　虚拟节点划分

　　根据前文所提出的预测模型，可以得到每个卫星节点上的文件流行度。本章将根据预测结果提出一个最小延迟文件缓存集（Minimum Delay File-Caching Set，MDFS）算法，来管理 SCCN 节点的缓存替换策略。虽然网络中的文件数量很大，但只有接近 20%的文件是高流行度文件，为了最大限度减少频繁替换文件带来的成本，有很多流行度极低的文件并没有缓存的必要。因此，本节将40%的文件流行度分界点作为是否缓存文件的基本判断标准，即如果流行度低于40%则直接不缓存。因此，缓存替换策略只考虑流行度高于阈值的文件集合。MDFS 算法缓存策略的基本思想如下：首先检查节点是否还有剩余缓存空间，如果有，则缓存所有路过文件；如果没有，则检查当前文件的流行度是否高于已缓存文件集中的最低文件流行度，如果是，则替换掉流行度最低的文件，否则不缓存当前文件。MDFS 算法中的替换算法是在每次新文件到达节点时，需要先扫描一轮缓存列表，删除文件年龄大于生命周期的过期文件。

MDFS 算法如表 4-1 所示。其中，函数 getCaculate 表示通过流行度预测模型计算得到文件的流行度值；函数 getCache 用来计算节点的剩余缓存大小；函数 getSize 用来计算文件的大小；函数 getMinPop 表示找到 MDFS 算法中的最低流行度值；函数 getCascade 用来获取文件请求过程中收集到的请求路径的信息；函数 EnterHawkes 表示将观测时间内收集到的数据输入预测模型中；定义观测时间窗口参数为文件的第一个请求到达的时间与当前时间之间的间隔。

表 4-1　MDFS 算法

算法 II　MDFS 算法
1: 输入：All_file, MDFS, Time, T_0, Life_cycle, s_i
2: 输出：MDFS
3: file ↔ getFirstFile (MDFS)
4: //删除 MDFS 中过期的文件
5:   age ↔ getFirstFile (MDFS)
6: **while** file ≠ ∅ **do**
7:   age ↔ getAge (file)
8:   **if** age > Life_cycle **then**
9:     **delete** file
10:   **end if**
11: file ↔ getFirstFile (MDFS)
12: **end while**
13: Single_file ← getFirstFile(All_file)
14: //循环并添加文件到 MDFS 中
15: while Single_file ≠ ∅ do
16:   v ← findMDFS(Single_file)　　//如果 Single_file 已经在 MDFS 中，则 v=1
17:   **if** v==0 **then**
18:    Time(Single_file) ← Time
19:   **if** Time(Single_file) > T_0 **then**
20:     $\hat{R}$ ← getCaculate(Single_file)
21:     **if** $\hat{R} < \eta$ **then** //流行度小于阈值则不缓存
22:      not cache
23:     //如果 $\hat{R}$ 高于缓存的最低流行度，则替换

24:	**else if** getCache (s_i) > getSize(Single_file) **then**
25:	MDFS ∪ Single_file
26:	**else if** $\hat{R}$ > getMinPop (MDFS) **then**
27:	file_delete ← getFile (R == getMinPop (MDFS)) //找到最低流行度的文件
28:	**delete** file_delete
29:	MDFS ← MDFS ∪ Single_file
30:	**else** not cache
31:	**end if**
32:	**end if**
33:	**end if**
34:	**else** //在观测时间内，记录请求路径
35:	cascade ← getCascade(Single_ file)
36:	EnterHawkes(cascade)
37:	**end if**
38:	**end if**
39:	Single_file ← getNextFile(All_ file)
40:	**end while**
41:	**return** MDFS

如图 4-7 所示，在获取文件时间超过观测时间后，网络的缓存命中率有了阶跃式的升高。将这段时间称为预热时间。在预热时间内，设定网络使用 CEE+LRU 的缓存替换方法。在仿真实验中，将设定预热时间之后的仿真数据作为实验数据。

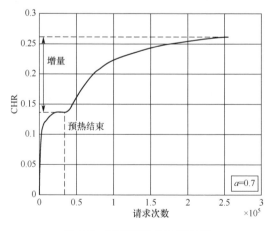

图 4-7　预测模型的显著效果

本节还将提出的预测模型与基于特征的预测方法进行了对比分析。在这里，选择了最先进的基于特征的预测方法 feature-linear，最近的一项研究表明，时间特征、结构特征和早期人们定义的特征是可获取的信息量最大的特征。本节以请求路径的级联作为结构特征，以观测时间内收到请求的速率作为时间特征，以节点度作为人们早期定义的特征，在提取了所有的预测特征后，将它们输入一个具有 L2 正则化的线性回归模型。图 4-8 所示为 feature-linear 与预测模型 DeepSCCN 的对比分析，很明显可以看出，预测模型 DeepSCCN 在不同流行度分布下都有更好的预测效果。

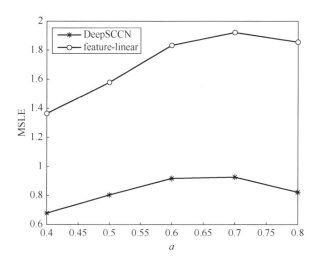

图 4-8　feature-linear 与预测模型 DeepSCCN 的对比分析

4.3　空间 DTN 的缓存分发算法

4.3.1　连通支配集

卫星网络常常采用簇结构来构建骨干网，选择簇头作为骨干节点来维持网络的连通性。但是这种方法没有考虑到簇头之间的连通性，导致网络的结构还是不稳定，且由于分簇导致出现网络分层，使得骨干网的规模变大，不利于拓扑连通性的管理。基于此，本书在第 3.2.2 节创新性地提出了一种基于时变联通支配集的三层卫星网络结构的路由算法，采用一系列的时隙快照将卫星网络的动态拓扑离散化，并建立时空图的分析框架。在此基础上，分别构建基于经典连通支配集和时变连通支配集的路由算法，实现卫星节点在时间和空间上的可达性。

集中式的连通支配集，在原始的拓扑图中依据一定的规则构建一棵生成树，从而构成连通支配集，权值最大的节点作为根节点，并由根节点来构建树。这类方法的通信代价极大，而且局部节点过多，导致它并不适用于拓扑变化迅速的网络，可拓展性差。

分布式的连通支配集算法仅考虑节点的邻居信息，具有较强的自主性，在保证网络拓扑连通性的基础上删除了多余的节点和链路，更加适合拓扑变化迅速的网络。

4.3.2　缓存分发算法

在数据分发算法的步骤中，由于传输过程中存在大量的重复路径，这些冗余传输占据着大量的存储和传输开销。因此，研究针对卫星网络的数据分发策略是非常有必要的。

1. 基于回溯—分区节点缓存的数据分发策略

本书第 3 章提出一种跨时隙有向图模型（CSG），该有向图的构建思想与时空图类似。基于离散思想，将一段时间内的网络拓扑变化利用时间 τ 进行采样，形成一个分层结构的图模型。在每个时隙间隔内，网络拓扑的结构是稳定的（一定可以找到网络保持稳定的最小时间段）。CSG 用典型的拓扑快照描述方式建立跨时隙有向图，并根据给定的传输任务建立相应的连接表（Contact Graph，CTG），这些都与时空图类似，具体算法参见表 3-2，此处不再赘述。

对构造好的 CSG 采用 Dijkstra 算法找到全局最优路径，在此基础上本书提出一种沿路缓存策略，通过回溯的方式选择一组最佳的缓存节点用于存放目标文件，从而减少用户获取数据时的冗余传输路径。由于数据分发路径大多呈现树形结构，因此，该节点选择策略通过将整个路径集合划分为具有不同缓存节点覆盖的多个不相交的子区域，来找出树形结构分发路径集合中的最优缓存节点。这里，所选择的缓存节点被认为可以为其覆盖的子区域提供数据分发服务。因此，确定一组最佳缓存节点被抽象成一种分区优化问题。在通过 Dijkstra 算法得到的分发路径中，可以选择一些节点作为缓存节点（Caching Node，CN），使它为所覆盖的子节点服务，这样的节点也被称为服务节点（Serving Node，SN）。最后将分发数据的总时延作为区域的覆盖代价。回溯—分区节点选择过程如 图 4-9 所示，该过程以覆盖成本最小作为优化目标。

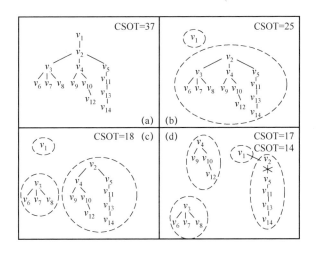

图 4-9　回溯-分区节点选择过程

在所提出的回溯—分区节点选择过程中，源节点 v_1 首先被定义为未分区区域中的 SN，且该区域被命名为 v_1。如图 4-9 所示，一旦选择了新的缓存节点 v_i，则 v_i 所在的区域将被划分为两个互不相交的子区域，其中一个区域仍以该区域之前的 SN 作为服务节点，另一个区域则以 v_i 作为服务节点，同时更新总的覆盖代价 C。然而，有时所得到的子区域将导致原有分区策略不再是最优方案，如图 4-9（d）所示。因此，一旦确定了新的 SN，就需要对先前已确认的 SN 所划分子区域进行回溯，重新验证。

回溯—分区节点选择算法如表 4-2 所示。

表 4-2　回溯—分区节点选择算法

算法 VI　回溯—分区节点选择算法
1:　**INPUT:** N, $G_c<V_c,E_c>$, CNNum, PSet, FrN
2:　**OUTPUT:** CNSet
3:　　CNSet $\leftarrow \varnothing$
4:　　$cf \leftarrow$ FrN
5:　　//父节点初始化
6:　**For each** $i \leq$ CNNum **do**
7:　　　$[c,cf] \leftarrow$ Node_For_MinDelay(CNSet,G_c,PSet)
8:　　　CNSet $\leftarrow$ CNSet $\cup C$
9:　　　**While** $cf \neq$ FrN **And** isupdate=True
10:　　　　$[cnew,cf] \leftarrow$ Node_for_mindelay(CNSet,G_c,PSet)
11:　　　　isUpdate $\leftarrow$ UpDate_CNSet(CNSet,cf,cnew)
12:　　　**End while**
13:　**End for**
14:　**Return** CNSet

在仿真实验中，LEO 星座轨道高度为 780 km，其余参数如表 4-3 所示。对于 LEO 星座来说，与卫星间链路的传输时延相比，用户节点的接入时间可以忽略不计，为了方便分析，这里只考虑卫星间链路的动态变化对传输性能的影响。

表 4-3　仿真参数

卫星参数	场景
轨道类型	LEO
轨道高度（km）	780
轨道倾角（deg）	78.25
源节点数量	1
星座类型	LEO 星座
卫星节点数量（N）	4×8
时隙间隔（τ）	1min

通过比较 Dijkstra 算法和典型最小生成树（Minimum Spanning Tree，MST）算法，我们发现 Dijkstra 算法在传输跳数和传输时延方面均优于典型 MST 算法。如图 4-10 和图 4-11 所示，基于 Dijkstra 算法在分发路径传输跳数上更加均衡，分发路径的最大转发跳数更小。从图 4-11 可以看出，随着文件尺寸

的增加，Dijkstra 算法优化效果更加明显。

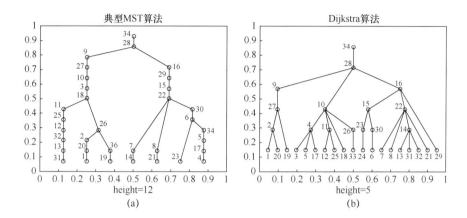

图 4-10　两种算法的分发路径

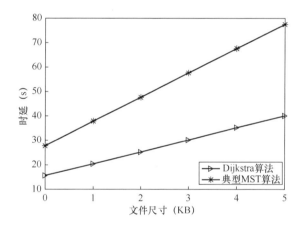

图 4-11　不同文件尺寸下数据分发时延对比

图 4-12 表明随着缓存节点的增加，总体上基于缓存策略的数据分发时延都将相应减少。本章提出的回溯-分区节点选择策略在性能上优于随机缓存策略。同时通过仿真结果可以看出，基于 Dijkstra 算法的回溯-分区缓存节点数据分发策略的分发时延和开销远低于基于典型 MST 算法的回溯—分区缓存节点数据分发策略的分发时延和开销。且随着缓存节点的增多，基于 Dijkstra 算法的回溯—分区缓存节点数据分发策略与基于典型 MST 算法的回溯—分区缓存节点数据分发策略的数据获取时延越来越相近，当缓存节点到达 8 时，二者

几乎相同。通过分析可知，这是由于随着缓存节点的增多，所求得的缓存节点集合会越来越相似，且缓存节点的位置与用户节点的位置在传输路径上越来越近，因此，传输时延的差距越来越小。

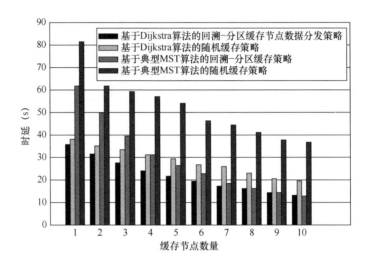

图 4-12　数据分发时延

当网络中的节点规模很小时，Dijkstra 算法将很难找到端到端路径，这将产生大量的等待时延。因此，经典的 Dijkstra 算法由于频繁的等待时延而引起分发性能明显降低。因此，为了有效地利用等待时间，本节设计了一个典型 MST 算法辅助的 Dijkstra 算法（MADA）来增加缓存节点的碰撞概率，其中典型 MST 算法在目标文件分发过程中发挥作用，如图 4-13 所示。

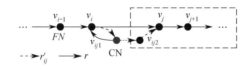

图 4-13　MADA

在目标数据请求包的最短路径 r 中，v_i 和 v_j 之间如果存在等待时延，则根据提出的路由算法计算从 v_i 到 v_j 的 MST 路径。通过将其添加到 r 中，请求包更有可能遇到 CN，然后，根据 Dijkstra 算法将存储在缓存节点中的目标数据快速回传到用户节点，从而减少数据的冗余传输；如果在网络中没有发生链路中断，则该过程将退化为经典的 Dijkstra 算法。该算法可以有效地利用等待时延来搜索更多节点，增加缓存节点的碰撞概率，而不会引入额外的传输时延。

图 4-14 所示为数据分发时延。

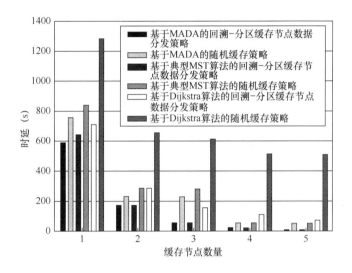

图 4-14 数据分发时延

图 4-14 表明，由于链路中断，基于 MADA 的缓存策略在数据分发时延上优于基于 Dijkstra 算法和典型 MST 算法的缓存策略。同时，随着缓存节点的增加，基于 MADA 和典型 MST 算法的缓存策略在数据分发时延和开销上几乎相同。这是由于随着缓存节点的增加，数据传输路径趋同，传输性能也趋同。仿真参数如表 4-4 所示。

表 4-4 仿真参数

卫星参数	场 景
星座类型	LEO 星座
轨道高度（km）	780
轨道倾角（deg）	45
源节点数目	1
卫星节点数量（N）	4×4
时隙间隔（τ）	1 min

2. 基于时间演进覆盖集的网络缓存分发策略

本节介绍一种基于 TCDS 的数据分发策略。该策略需要利用 UDG 对时变网络拓扑进行建模。首先，根据网络内节点间的连接关系构建 TCDS，作为网络中的缓存节点。接着，基于查询的最小延迟分布路径（QMDP）算法从缓存节点中快速获取目标文件。

UDG 构建了一种具有非均匀的离散间隔的时间扩展图，它既可以准确捕捉时变网络的特点，又保留了 EDG 尺寸小的优点。为了准确描述网络中任意时间开始的数据分发过程，需要在 UDG 中插入虚拟节点，用于计算分发路径。基于 UDG，本书第 3 章提出了 MTCDS 的近似最优构建算法（见表 3-4）。

QMDP 算法做了访问时延上的优化。在上一步计算出缓存节点后，根据缓存节点的位置插入虚拟节点，将单源多目的节点问题转化为单源单目的节点问题。该算法允许 IST 网络中任何用户节点找到具有任一任务开始事件的路径到 MTCS 上的一个缓存节点的路径，以获取副本，QMDP 算法如表 4-5 所示。

表 4-5　QMDP 算法

算法 VIII　QMDP 算法
1:　**INPUT:** G_u , $Q_{u_{m,f}}^t$, NN , u
2:　**OUTPUT:** $P_{u_m}^t$
3:　$P_{u_m}^t \leftarrow \infty$, $VS \leftarrow u_m, v_{\min} \leftarrow u_m$
4:　TimeSet$(1 \colon NN) \leftarrow \infty$, $PC(1 \colon NN) \leftarrow 0$
5:　**While** $v_{\min} \notin C$ **do**
6:　　　$N_{vmin} \leftarrow$ findAdjacencySet$(v_{\min}, G_u)$
7:　　**If** $v_{\min} \in C$ **then**
8:　　　　$N_{v_{\min}} \leftarrow C$
9:　　**else**
10:　　　$N_{v_{\min}} \leftarrow N_{v_{\min}} \cap (C \cup u_m)$
11:　　**end if**
12:　$VS \leftarrow$ unique$\{VS \cup N_{v_{\min}} \setminus v_{\min}\}$
13:　　**for** $v_i \in VS$ **do**
14:　　　TimeSet $\leftarrow$ calTimeDelay$(\text{TimeSet}, v_i)$
15:　　　$PC(v_i) \leftarrow v_m$
16:　　**end for**
17:　$v_{\min} \leftarrow$ findMinTime(TimeSet)
18: **end while**
19: $P_{u_m}^t \leftarrow$ calPath(PC, u_m)
20:　**Return** $P_{u_m}^t$

针对以上算法的仿真采用的参数如表 4-6 所示。

表 4-6　仿真参数

卫星参数	场景 1	场景 2
轨道类型	LEO	LEO
T(min)	10	10
h(km)	780	780
i(deg)	78.25	45
L_p	4	4
L_c	8	4

参考文献

[1]　WOOD L. Satellite constellation networks[M]. Internet Working and Computing Over Satellite Networks, 2003.

[2]　LIU S, HU X, WANG Y, et al. Distributed caching based on matching game in LEO satellite constellation networks[J]. IEEE Communications Letters, 2018, 22(2):300-303.

[3]　HU J, WANG R, SUN X, et al. Memory dynamics for DTN protocol in deep-space communications[J]. IEEE Aerospace and Electronic Systems Magazine, 2014, 29(2): 22-30.

[4]　葛晓虎，刘应状，董燕，等. 一种基于 MESH 结构的空天信息网络模型[J]. 微电子学与计算机，2008，25(5)：39-42.

[5]　张登银，刘升升. 基于 Mesh 的空间信息网体系结构研究[J]. 计算机技术与发展，2009，19(8)：69-73.

[6]　张威，张更新，边东明，等. 基于分层自治域空间信息网络模型与拓扑控制算法[J]. 通信学报，2016，37(6)：94-105.

[7]　于少波，吴玲达，张喜涛. DaaC:空间信息网络体系结构建模方法[J]. 通信学报，2017，38(z1)：165-170.

[8] 罗凯，张明智. 基于时效网络的空间信息网络结构脆弱性分析方法研究[J]. 军事运筹与系统工程，2016，30(4)：25-31.

[9] 李悦. 基于时变图模型的卫星网络数据分发策略优化研究[D]. 黑龙江：哈尔滨工业大学，2018.

[10] 杨菲. 信息中心网络中缓存技术研究综述[J]. 中国新通信，2020（19）：40.

[11] 张天魁，单思洋，许晓耕，等. 信息中心网络缓存技术研究综述[J]. 北京邮电大学学报，2016，39（3）：1-15.

[12] ZHANG X, ZHANG B, AN K, et al. On the performance of hybrid satellite-terrestrial content delivery networks with non-orthogonal multiple access[J]. IEEE Transactions on Wireless Communications, 2021, 21(2): 1272-1287.

[13] PSARAS I, CHAI W K, PAVLOU G. In-network cache management and resource allocation for information-centric networks[J]. IEEE Transactions on Parallel and Distributed Systems: A Publication of the IEEE Computer Society, 2014, 25(11): 2920-2931.

[14] FENG Z, LI J, WU H, et al. HD: A cache storage strategy based on hierarchical division in content-centric networking[C]// 2014 IEEE 17th International Conference on Computational Science and Engineering, December 19-21, 2014, Chengdu, China. New York: IEEE, 2014: 535-540.

第 5 章

空间 DTN 仿真平台设计

5.1 空间通信的软件仿真

空间科学活动具有成本高、风险大和技术性强等特点，例如开展月球、火星探测的深空探测任务，需要空间通信系统强有力的支撑。因此，空间通信系统的设计尤为重要。以深空通信为例，其具有时延长、链路衰减大、误码率高、信息传输非对称、链路易中断的特点，与一般的通信环境存在较大差异，深空通信链路的仿真是一个难点。

由于深空通信技术开展搭载测与飞行试验证成本较高、周期较长，通常借助地面仿真平台模拟深空环境下的通信链路，分析并测试相关的技术和理论，为深空通信研究提供必要保障。仿真平台的设计需要满足以下几个条件：一是利用航天器或者探测器参数建立空间网络特征仿真器。根据航天器或者探测器运动的规律性，计算出空间网络拓扑变化的关键特征。二是采用虚拟网络技术构建深空网络实验环境。将空间网络特征映射到虚拟网络设备中，通过实时改变虚拟网络设备之间的互联关系来模拟深空网络。三是设计实验场景，验证网络通信协议的性能。

通常，完整的深空通信仿真平台包括以下几个部分：探测系统、深空信道系统、中继系统和地面系统。其中，探测系统负责将数据发往地面站，模拟真实深空通信系统中的深空探测器，负责探测数据的收集及传输。深空信道系统负责模拟真实深空信道对传输信号的影响。中继系统用于模拟中继卫星或者探测器的行为，完成对通信数据中继、存储及转发的功能。地面系统模拟地面接收及数据处理，实现的是整个通信系统中下行数据接收的工作。

本章以设计一个具体的深空通信仿真平台为例，探讨空间通信仿真平台设计的一般性方法。本章所设计的仿真平台，通过引入卫星仿真工具，能真实模拟深空场景中的长时延特性；依据高误码率仿真深空丢包过程。在深空通信仿真平台的基础上，结合 DTN 网络协议技术，设计空间 DTN 网络仿真系统，在链路频繁中断的情况下通过存储转发过程模拟在链路连通时传输数据，链路断开时等待传输；在长距离端到端传输时，通过多中继分段传输方案，模拟 DTN 中节点的多跳传输过程。总的来说，设计一款面向深空通信的空间 DTN 网络仿真平台，能够演示多中继节点分段数据传输过程，模拟断续连接、存储转发及保管传输三大特性，实现并验证深空文件传输协议。其具体目标如下。

（1）真实反映深空通信环境。所设计的仿真系统必须符合真实的深空通信环境，能够实时体现深空通信系统的相关指标，如上下行链路带宽、误码率、传输时延、传输速率、链路的可用性及状态等。

（2）满足多种可选通信方案。包括可选的信源编码、信道编码、调制方式、传输协议等。

（3）良好的可扩展性。深空通信技术的复杂性与快速发展，不仅要求仿真系统能够对特定方案进行仿真，而且要求其具有良好的可扩展性，能够在现有仿真系统的基础上，快速扩展实现适合构建不同通信方案的仿真系统。

为了使仿真系统具有更高的真实性和可信度，同时基于扩展性和交互性方面的考虑，在仿真平台设计过程中需要注意以下 3 个方面。

（1）实时性。在仿真中实时体现深空通信环境，在对通信系统中的相关参量准确描述的前提下，能做到实时更新。

（2）模块化。仿真平台的设计不仅需要考虑总体目标与整体仿真任务的实现，还需要考虑不同方案下的设计、后续的扩展和功能实现等问题。因此需要采用模块化设计，最大限度地利用现有资源，高效率地满足不同需求。

（3）交互性。良好的交互性有利于不同仿真模块之间的数据共享、命令执行与界面控制和显示。不同的仿真任务需要使用不同的系统平台，相关数据和协议也需要实现平台间的互通，这同样需要良好的交互性的支持。

5.1.1　卫星轨道仿真软件

卫星通信系统具有组网快捷、适用范围广等特点，在各类通信系统中发挥着重要作用。为使系统资源得到合理利用，卫星通信系统研制一般先对轨道进行计算，对覆盖进行分析，对链路进行预算设计，以保证所建立的系统拥有较好的性能。

目前，常用的卫星轨道仿真软件有 EmXpert SATCOM 和 STK。EmXpert SATCOM 由未尔科技自主研发，是基于 EmXpert 电磁环境仿真平台而开发的一款专用于卫星链路设计仿真的工具。STK 是由美国 Analytical Graphics (AGI) 公司研制的一款系统分析软件。STK 可仿真二维、三维动态场景，提供相关场景的图表、报告等，在航天、航空任务中的系统分析、发射测试、运行轨迹等方面有着广泛的应用[1]。STK 支持和多种软件联合构建仿真平台，因此，空间网络仿真器更常使用 STK。下面将对 STK 进行更为详细的介绍。

航天测控系统经常会做卫星飞行轨迹的可视化场景仿真，该任务涉及多个学科的专业知识，若直接编程实现，效率较低，利用 STK 提供的编程接口，可将 STK 可视化仿真功能集成到个人开发软件上，从而提高软件的开发效率。在卫星网络应用方面，研究人员可通过 STK 进行相关的仿真试验，分析卫星网络的运动规律、可见性、覆盖范围等特征。

另外，STK 提供了人机交互接口，通过接口可以建立仿真场景，进行场景仿真分析。对于一些需要修改场景参数、获得最优解的应用，可以通过 STK 提供的集成编程接口改变场景参数，根据最优解约束条件获得最优场景参数，从而提高仿真效率。STK 可以创建模型和仿真的可视化用户界面，集成大量的数据输出参数、标准输出报告和图形，用户也可以自定义报告和图形类型。此外，STK 具有高度集成的三维可视化界面，在时域和空域均能完成相当准确的专业分析。

5.1.2　主要功能及参数

1. 主要功能

STK 可应用于很多领域，如航天、C4ISR、无人驾驶飞机和航空器、集成化防御、电子系统等。本书主要讨论 STK 在卫星网络方面的应用，其主要特性包括以下几方面。

（1）自定义几何模型。可以按照卫星网络的构建需要，创建坐标系及矢量模型；可以利用自定义的参考坐标系定义轨道根数，并实现卫星轨道的可视化。

（2）仿真空间环境。STK 集成了引力场模型、磁场模型、辐射流量、太阳或者其他星体的辐射压等。

（3）轨道设计和变轨策略。可以设计近地轨道、中高轨道、同步轨道、月球轨道；模拟轨道维持、管理和修正变轨；模拟编队飞行、交会对接和临近操作。

（4）生成轨道/弹道星历表。可以建立多种类型的卫星轨道，包括地球静止轨道、地球非静止轨道及太阳同步轨道等。此外，可以使用在线卫星数据库直接导入已经部署的卫星轨道参数。

（5）姿态建模。对航天器进行姿态建模，可以根据自定义的坐标系确定方向。

（6）传感器建模。继承航天器指向；确定地基和天基跟踪机会；优化整体任务规划。

（7）通信建模。发射机和接收机可以自定义天线指向；分析干扰性能；分析直接和转发通信链路在不同时间的关系。

（8）优化分析。参数设定，进行参数的概率分析，给出分析图。

（9）任务资源调度。对卫星系统和地面之间的上下行链路时间进行标识；跟踪天基传感器和地基传感器之间的调度，创建任务资源调度并进行优化。

（10）实时获取数据。集成的二维图形窗口和三维图形窗口可以进行实时状态的监视。

（11）互操作。可以将 STK 和 MATLAB 互联，构建协同工作平台，进行复杂任务的仿真分析。

STK 可以建立仿真场景，将各种元素包括卫星、地面站、雷达等直接导入场景中。设置仿真场景的方法有如下 3 种。

（1）使用 STK 工具包中自带的卫星星历数据库，选择需要的卫星星座，加载到场景中。

（2）通过 STK 中的轨道向导（Orbit Wizard）功能模块，快速定义不同卫星轨道的类型及相关参数。

（3）用自定义的两行星历数据格式导入场景。

2．参数选择

当前，卫星组网的形式主要有两种——编队和星座。编队是指以某一点为基准，若干颗轨道周期相同的卫星按照一定的飞行轨迹，分布式排列构成一个虚拟的大卫星。组成编队的多颗卫星可以协同实现大卫星的功能。与编队方式不同，星座的设计目的是精确部署多颗不同位置的航天器，提高有效载荷，并且保证航天器在控制区域内不发生碰撞。

卫星的轨道参数决定着星座对地覆盖性能的各项指标。设置轨道参数之前，要选择合适的轨道类型，按照轨道形状可将其粗略地划分为圆轨道与椭圆轨道。在进行星座设计时，主要考虑以下 6 个轨道参数，可以分为 3 组。

（1）第一组为半长轴（Semi-major Axis）和偏心率（Eccentricity）。半长轴和偏心率决定了卫星轨道的大小及形状，同时两参数相互关联，设定其中一个之后，另一个根据开普勒定律自然生成。如果轨道形状是圆形，那么偏心率为定值 0。

（2）第二组为轨道倾角（Inclination）、近地点幅角（Argument of perigee）和升交角赤经（Right Ascension or longitude of the Ascending Node，RAAN）。轨道倾角是指轨道平面与赤道平面的夹角，近地点幅角是指升交点与近地点的夹角，升交角赤经是表示赤道平面春分点向右与升交点的夹角。其中，近地点幅角是椭圆轨道特有的参数，这 3 个参数共同决定轨道平面的位置。

（3）第三组是真近点角（True Anomaly）。真近点角是近地点—地心—卫星当前位置的夹角，该参数决定卫星入轨时的位置。

5.1.3　VO 空间网络视景技术

STK 具有强大的支持能力，可以完成在陆地、海洋、空天等领域的空间与时间的可视化分析。

VO 是 STK 的三维展示环境，由 STK 的底层二进制数据文件驱动，可以迅速展示真实空间环境、卫星轨道和空间网络实体的运行过程。VO 采用 Windows 图像处理的方式，为用户提供逼真的交互图像。其主要技术和功能特点如下。

（1）支持自然环境、空间环境和不同操作仿真实体构建的三维模型的展示。具备专业的地理模块和气象模块，支持 GIS 数据、卫星数据、气象数据的展示和分析。提供三维数据模块，包括各种飞机、卫星、船舶等的描述和结构，动态模拟空间网络通信任务，提高了三维数据模块的有效性。

（2）支持实体连接状态关系的可视化。STK 实现了链路对象和星座对象的链接可视化。因此，可以利用 VO 对空间网络中的通信关系、指挥关系等进行可视化仿真。

（3）VO 提供了一个功能强大的开发接口。VO 提供的 STKX 控制部件在 STK 引擎的基础上支持第三方软件的编程，因此，利用此开发接口，既可以对空间网络进行分布式的可视化仿真，还可以对空间网络仿真任务进行可视化的操作和控制。

5.1.4　STK 与 VC 的交互

STK/Connect 是 STK 中一个非常重要的功能模块，它通过提供 STK 命令编程接口和一组 Connect 命令，实现了客户/服务器模式的控制和信息回传功能，为外部程序与 STK 的交互提供保障。外部程序与 STK 连接后，只需要向 STK 发送相关命令，就可以控制 STK 进行仿真，并且得到 STK 回传的命令执行情况。VC 通过 STK/Connect 模块与 STK 连接可以在 STK 完成场景仿真的核心计算后，将当前仿真状态传递给二维仿真显示对象和三维仿真显示对象，其原理如图 5-1 所示。

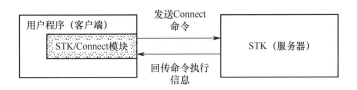

图 5-1　用 STK/Connect 模块连接用户程序和 STK

5.2　DTN 的实验平台

由于卫星通信环境的特殊性，地面使用的网络协议无法直接用于卫星网络，由于空间通信高技术、高成本、高风险的特点，难以直接在真实场景下进行相关技术的测试，因此，需要利用仿真平台对所设计的网络协议进行仿真及评估，验证 DTN 体系结构的合理性及有效性。

首先，仿真平台必须能真实地仿真场景，包括仿真结构的真实性和仿真结果的真实性。仿真结构的真实性是指仿真平台的架构符合真实场景的结构；仿真结果的真实性是指通过平台得到的仿真数据要逼近真实场景的数据。其次，仿真平台必须能方便地仿真不同的实验场景，要具有可扩展性。最后，仿真平台必须能收集实验中的各种数据并提供分析处理能力。

值得注意的是，DTN 本身也属于计算机网络的范畴，它的很多概念，包括数据包、路由协议、安全机制和组播、多播等，与传统的计算机网络并无二致，因此，目前针对 DTN 的仿真，大多是在现有网络仿真平台的基础上进行拓展的，新搭建的仿真平台要满足长时延、高误码率、频繁中断场景下多跳传输的要求。

5.2.1 典型的 DTN 实验平台

目前使用较为广泛的网络仿真平台包括 OPNET、NS2、NS3、ONE 等，不同的仿真平台具有各自的特点，其中仅 OPNET 为商用软件，其余 3 个皆为开源平台。作为商业软件，OPNET 模型库相较于其他 3 款要完备许多，且 OPNET 图形界面更丰富，网络模型更全面，其 API 函数库拥有大部分常用函数，建模层次分明简便，较易上手，且建模所需手动编写的代码量少。NS2 采用分裂对象模型进行仿真，封装的功能模块数目多且易于扩展，但模块间互操作性与耦合性较差。此外，NS2 不支持图形用户界面和分布式仿真，因此，其操作难度较大且仿真速度较慢。与 NS2 相比，NS3 具有更好的开发环境，便于仿真全新的复杂模型。NS3 克服了 NS2 的诸多缺陷和明显弱点，用 C++语言实现，兼容时下流行的 Python 语言，仿真结果可通过可视化的方式呈现且支持分布式处理，但 NS3 发展时间不长，网络模型的完备性较差，仍需要用户的广泛支持与测试。ONE 是一款基于 Java 语言的开源 DTN 模拟器，具有较强的扩展性，能够通过使用不同的路由协议来模拟 DTN 消息的收发，并生成移动轨迹的记录，但在功能丰富性和易用性上不如其余几款仿真平台。

1. OPNET

OPNET 是一种面向对象的离散事件通用网络模拟器，最早来源于 Alain Cohen 在麻省理工学院读书期间的研究项目，后来于 1986 年完成商业化，OPNET 公司随之成立。OPNET 公司的总部设在美国华盛顿，公司提供高级的解决方案和技术支持，主要包括网络建模和仿真分析、系统性能分析、网络工程建设和运营等业务[2]。

与市面上的其他网络仿真软件不同，OPNET 采用层次化、模块化的面向对象的建模机制，有图形界面，易于操作、建模和部署。OPNET 采用了网络域、节点域和进程域的 3 层建模机制，用于实现层次化的建模目标。网络域主要是从高层设备对系统进行规范，节点域提供设备内部功能所需要的硬件和软件资源，进程域对节点内部的进程进行规范，包括决策进程和算法。同时，OPNET 对卫星网络的支持也很完善，能够提供卫星节点、无线链路、天线和卫星轨道设置等功能。

为了对网络状态进行仿真，OPNET 采用了如下 4 大通信仿真机制进行建模。

（1）离散事件仿真机制。OPNET 采用离散事件驱动的方式进行模拟仿真。在 OPNET 中，"事件"的定义为网络状态发生变化。也就是说，模拟机的工作状态只会出现在网络状态发生变化时。如果网络状态稳定，模拟机会保持静默状态，不进行任何操作。因此，从计算的效率方面看，采用离散事件驱动的方式比采用时间驱动的方式更有优势。

（2）基于包的通信机制。在 OPNET 中，模拟包在网络设备中的流动和处理过程是通过基于包建模的方式完成的。同时，通过该方式，系统自带的调试功能可以对任意的包格式进行生成或编辑，用于模拟实际网络协议中的组包和拆包过程。在进行模拟的过程中，通过调试功能的方式，还能对特定包的包头和净荷等进行查看。

（3）基于接口控制信息（Interface Control Information，ICI）的通信机制。ICI 数据结构仅包含用户自定义的域而不需要进行封装，因此，与包的数据结构相比，ICI 数据结构更简单。基于 ICI 的通信对任何事件都适用，并且常和流事件一起使用。尽管流事件由包的传输演变而来，但是当需要传输流事件以外的信息而又不想使用包时，可以通过 ICI 进行通信。

（4）点对点和总线管道阶段。在 OPNET 中，共支持如下 3 种链路形式：点对点链路、总线链路和无线链路。为了描述它们物理特性上的特点，采用了一系列管道阶段来进行模拟。为了尽量真实地模拟数据帧在信道中的传输过程，在 OPNET 的无线仿真中，将管道分为 14 个阶段，这些管道阶段首尾相接，如图 5-2 所示。

OPNET 推出的 Modeler 一直在仿真工具界处于领先地位，它的优秀特性具体如下。

（1）层次化的网络模型。对于复杂的网络拓扑，Modeler 将其简化为多个嵌套的子网层次，从而使网络拓扑简单明了。

（2）分层的建模方法。Modeler 将网络模型分为 3 个层次，分别是网络层、节点层及进程层。其中，进程层模拟的是单个对象的所有行为；节点层通过将多个进程层模型相连，实现一个整体节点（称其为设备）的所有功能网络层将多个设备相互连接成为网络，多个不同的场景即为"项目"。

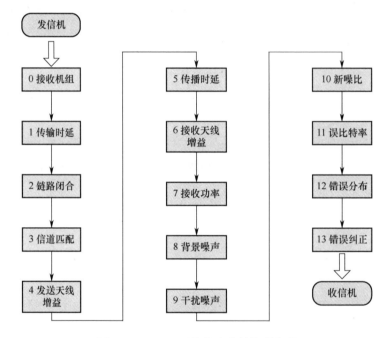

图 5-2　OPNET 无线仿真中的管道阶段

（3）有限状态机。使用有线状态机对进程层的一个对象进行建模，对于状态机的多个状态建立和状态之间的转换条件都可以使用标准 C/C++语言进行修改。OPNET 提供了 400 多个库函数，进而简化了对于进程层模型的开发。有限状态机作为 Modeler 编程的核心，可以使有经验的业内人士更加高效地进行仿真开发。

（4）集成调试器。OPNET 自身集成了优秀的调试工具 ODB（OPNET Debugger），同时它还支持与 VC 进行联合调试。

基于 Modeler 的网络仿真流程如下。

（1）设计网络拓扑结构，即建立由若干个节点和链路组成的网络拓扑图。

（2）描述节点与链路特性，节点与链路特性由参数表示。

（3）描述网络业务，包括业务类型、属性、业务量、流向及其概率分布等。

（4）设置网络运行参数，包括路由算法、流控方法、链路费用等。

（5）运行仿真，在运行仿真之前，可根据需要使用探针编辑器设置一些探针到需要采集统计数据的点上。另外，还要设置运行参数。

（6）调试模块再次运行仿真，根据上一步的运行结果对模块做出相应的调整。

（7）统计结果，得出结论。

2. NS2

NS2（Network Simulator 2）是由美国加州大学的 LNBL 网络研究组于 1989 年开发的一款开源网络仿真平台，其本质是一个离散事件模拟器，由内部虚拟时钟的离散事件驱动完成仿真。现阶段，NS2 已经完成了网络传输协议、不同种类 IP 网络的仿真，以及业务源流量产生器、路由队列管理机制的仿真。此外，NS2 还实现了 MAC 子层协议和多播功能以完成局域网的仿真[3][4]。

NS2 的开发语言是 OTCL 和 C++，使用 OTCL 搭建网络拓扑，而用 C++ 实现具体功能模块的机制，这就是 NS2 中的分裂对象机制。NS2 主要包含了网络组件、事件调度器和网络构建模型库等。NS2 分离了控制通道和数据通道，这大大提升了数据处理的效率。此外，网络组件和事件调度器由 C++进行编译，而 OTCL 解释器可以基于映射实现查阅。NS2 在仿真完成后会生成基于文本的跟踪文件，以用于后续的分析处理和仿真过程实现。

NS2 封装的功能模块包含节点、链路、事件调度器、数据包格式、代理等。其中，节点是 TclObject 对象构成的复合组件，主要由路由器和端点组成；链路主要连接网络节点，以队列的形式实现分组的丢弃、到达管理；事件调度器具有实时调度堆和日历表等功能，支持的数据结构种类较多；数据包格式一般只包含头部，数据部分时有时无，主要用来实现数据的存储和检索；代理主要用来产生和接收网络层，同时还可以用来实现不同层的协议，当代理与网络节点进行连接的时候，网络节点就会分配一个相应的端口号。

NS2 的软件部分主要由 TCLCL、OTCL、TCL/TK 和 NS 组成。其中TCLCL 主要提供了 OTCL 和 NS2 的接口，因为两种接口针对不同的编程语言开放，因此，变量和对象就可以在两种不同的编程语言下切换。OTCL 开设了自身的类层次结构，其正常运行的基础是面向对象扩展，这是以TCL/TK 为基础的。在 TCL/TK 中，TK 是一种图形界面开发工具，用户可以借助该工具实现图形界面的开发。TCL 可以编译 NS2，其本质是开放的脚本语言。目前，NS2 提供了大量仿真环境的元素，NS 元素可以从通信量仿真、网络拓扑仿真和协议仿真等多个角度实现全方位的分析。NS 在通信量仿真上提供了多种通信应用和通信量产生器，如 FTP、EXPOO、POO、CBR 等。网络拓扑主要由链路和节点组成，其中链路包含多种连接器（Connector），节点包含多种类器（Classifier）。链路可以实现带宽、丢弃模型和时延的配置，其中还包含公平队列信息；节点可以通过不同代理的配置完成协议和其他模型的仿真，其中代理包含接收代理和发送代理。现阶段，NS 包含动态、静态和会话 3 种单播路由策略，通过实现节点的附加路由可以实现网络的路由配置。各组件间的关系如图 5-3 所示。

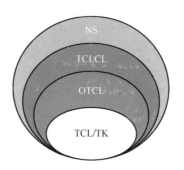

图 5-3　各组件间的关系

NS2 在开源软件中具有较大影响力，扩展性较好，能够提供以数据包为粒度的网络协议仿真，并且用户可以根据自己的需求对原有代码进行修改，其主要优势有如下两点。

（1）NS2 使用不同的语言实现不同的模块，通过分裂对象机制将数据操作与控制部分的实现相分离，大大提高了代码的执行效率。

（2）在多数情况下，用户只需要了解构件的使用和配置接口即可，而不必了解这些构件的具体实现，增强了软件的易用性。

3. NS3

与 NS2 一样，NS3 也是一款开源的离散事件网络仿真器，但它并不是 NS2 的升级版本，而是作为 NS2 的替代者而存在的。NS3 广泛汲取了 NS2、OPNET 等系统级仿真平台的优秀设计经验，具有极强的可扩展性与易用性，提供各种用于网络模拟的接口，用户可以在模拟脚本中调用这些接口来构建自己的仿真模型[5][6]。

NS3 仿真核心架构和通信模型通过 C++编程实现，同时提供了 Python 语言绑定功能，也可以使用 Python 语言编写脚本。NS3 的内核和网络模块的实现可以为不同的网络仿真提供一般性服务，其余上层模块可以根据不同的网络仿真场景的需要选取。

NS3 内核模块定义了 NS3 的核心功能，包括随机变量的产生、追踪、智能指针、日志、事件调度、属性、回调和时间记录。

NS3 网络模块定义了基本的网络组件，可分为以下 4 类。

（1）节点（Node）：各类通信设备的抽象化描述，可以通过添加移动模型，设置初始位置与移动特征。能够添加应用、协议、外部接口等。

（2）网卡及其驱动（NetDevice）：能实现网络连接的硬件设备和软件驱动的抽象化描述，有各种不同类型的网卡，如 PointToPointNetDevice、WifiNetDevice 等。

（3）信道（Channel）：节点通过相应的信道和其他节点通信，包括 CsmaChannel、WifiChannel、ThreeGppChannelModel 等。

（4）应用程序（Application）：提供了管理用户应用并设置数据收发格式的各种方法，包括 UdpEchoClientApplication、UdpServerApplication 等。

NS3 上层模块都有相应的 Helper 类，不同的网络类型由不同的 Helper 类封装。Helper 类屏蔽具体细节，只需要输入参数即可实现节点个数设置、网络设备添加、协议栈安装、应用程序设置、信道配置等一系列操作。

开展 NS3 平台的网络仿真可分为以下 5 个基本步骤。

（1）规划仿真场景，配置仿真参数，如设置节点个数、仿真开始时间和仿真时长等。

（2）创建网络拓扑，利用 Helper 类在节点上添加网络设备、安装相应的协议栈和应用、安装移动模型或能量管理模型等。

（3）在调度器中添加调度事件，可以使用回调机制，收集仿真相关参数。

（4）启动调度器，在仿真时间内处理调度系统中的离散事件，完成特定任务。

（5）进行结果分析，NS3 可通过 Tracing 系统收集相应的网络数据，如数据传输速率、丢包率、数据分组的延迟等，借助统计模块等进行分析，也可使用 Wireshark 或 Tcpdump 等工具进行网络分析，将结果展示到终端界面或者存入文档。

4. ONE

ONE 是专门为 DTN 环境设计的网络仿真器[7]，其用 Java 语言开发，面向离散事件，能够有效地模拟 DTN 的路由与消息的传输状态，并给出详细的结果报告。ONE 提供了 DTN 中一些典型的移动模型和路由协议，而且可扩展性强。ONE 主要包含 4 个模块：移动模型、事件发生器、路由模块、可视化结果。

下面简单介绍这 4 个模块的功能。

（1）移动模型。可以直接使用软件中自带的移动模型，也可以自定义移动模型。ONE 提供了 5 种常见的移动模型：Random Waypoint、Map Based Movement、External Movement、Shortest Path Map Base Movement、Map Route Movement。自定义移动模型的方法有两种：一种是通过外部收集的路径集导入；另一种是通过外部模块接口实现自定义。值得注意的是，在第一种方法中的路径集要遵循严格的数据格式。

（2）事件发生器。消息的产生可以通过外部文件导入或者 ONE 中的

EventGenerator 模块产生。

（3）路由模块。路由模块主要负责消息的传送，包括消息的复制、中继、接收及丢弃等。ONE 的路由模块给出了 6 种经典的路由算法，分别为 First Contact、Epidemic Routing、Direct delivery、Spray and Wait、Prophet、Maxprop，这 6 种路由算法皆为主动路由。此外，ONE 还设定了被动路由接口，其目的是方便扩展 ONE 的路由模型。通过被动路由接口，可以交互其他 DTN 仿真工具中自带的路由模型，也可以自定义路由策略。

（4）可视化结果。模拟的结果作为输出事件，通过仿真引擎输入可视化结果模块中，做进一步分析处理。可视化结果报告进行后期处理之后得到模拟的统计数据，这些统计数据可以通过作图工具更加直观地显示出来。ONE 提供了一系列用来统计模拟结果的参数，如报文成功递交率、节点接触次数、节点往返时间、报文传输时延、网络开销等。在 ONE 的配置文件中，可以指定需要统计的参数，由 Report 类输出统计报告。ONE 同时提供很多用 Perl 语言编写的脚本工具，用于输出这些报告，并绘制成图表。

5.2.2　空间 DTN 的实验设计

本书提出一种空间 DTN 仿真平台的设计方案，该方案采用高层体系结构（High Level Architecture，HLA）进行分布式交互仿真，采用内嵌卫星工具包模拟深空中各节点间位置关系和链路信息等。面向对象的思想充分用在了仿真平台的设计过程中，并依照面向对象的思想完成了联邦构建和联邦成员的划分。HLA 对象模型分为 3 层，由高到低分别是联邦、联邦成员、对象。联邦是由仿真的主体全部抽象出的整体，由可互操作的联邦成员和仿真应用构成，联邦成员由若干对象构成，如图 5-4 所示。

仿真平台的设计目标如下。

（1）动态实时体现深空环境。所设计的仿真平台能够动态实时地反映出符合深空真实条件并体现其通信系统的基本参量：上下行链路带宽、误码率、传输时延、传输速率、链路的可用性及状态。

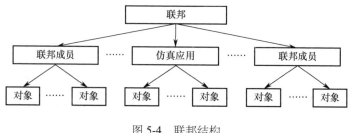

图 5-4　联邦结构

（2）多组可选的方案组合，如初始化多组可选的信源编码、信道编码、调制方式、深空通信传输协议等。

（3）可重用性。所设计的仿真平台不但能够仿真当前通信方案，而且要能够通过快速组装或少量改动即可仿真未来更复杂的通信方案。

（4）互操作性。不同的平台间、不同的协议间能够实现互联互通，保证整个系统的流畅可靠。

（5）能够实现较高的上下行链路速率比。

（6）能够对深空通信中的资源受限问题做出相应的限制。

根据以上目标，结合 HLA 的特点，本书给出仿真平台的关键模块，如下所述。

1. 关键元素

进行 DTN 仿真的关键元素包括节点、链路和数据。

1）节点

节点是指 DTN 中可寻址的元素。节点可以按照配置的概率分布和速率产生数据，分配缓存来保管数据，以及通过链路发送数据和接收数据。节点的缓存和路由协议可以由用户按照仿真需求自行配置。节点按照设定的概率分布关闭和打开，以模拟空间节点的断电故障和修复。

节点可分为探测节点、中继节点和地面节点。

（1）探测节点在仿真平台中负责将数据发往地面节点，模拟真实深空通信系统中的深空探测器，负责探测数据的收集及传输。具体来说，探测节点需要实现信源编码、信道编码、信号调制、CCSDS 文件传输协议（CFDP）协议、文件的打包及下行链路的数据传输等。同时基于模拟真实仿真场景的需要，探测节点需要在与真实深空信道特性相同的环境中实现数据传输，这就要求探测节点能够与 STK 实现数据交互，实时接收链路状态信息及其他相关环境参数。

（2）中继节点用于模拟多个中继站进行多中继的数据传输，中继节点需要包含中继卫星的自身特性（如轨道参数等），其主要职责在于完整地模拟数据的保管传输、存储转发和间断连接特性。中继节点可以依据链路的特性实时调整数据传输速率。在链路状态好的时候传输速率快、数据丢包少；在链路状态不好的时候传输速率慢、数据丢包多。在链路断开的时候，数据停止传输。

（3）地面节点模拟真实深空通信系统中的地面接收及数据处理部分，实现的是整个通信系统的下行数据接收的工作。地面节点与 STK 之间存在数据接口，能够实时接收并更新链路状态、误码率等信息，可以保证仿真效果同实际通信系统相一致。

2）链路

深空通信仿真平台的设计离不开对深空真实场景的模拟，通过 STK 可完成对深空环境模块的模拟。STK 内含各个星体的真实参数，并提供了各种卫星模块，可以自行设置参数。在卫星上还能添加收发器，负责数据的发送和接收，通过天线的参数设置，可以获得真实场景中通信链路的各个参数。在添加并设置完所需要的星体卫星及相关设备后，可以利用 STK 提供的强大仿真功能实时查看各种仿真参数，如设备间距离、链路通断、链路质量等。

3）数据

数据由源节点按照用户配置的概率分布和速率产生，并通过链路在 DTN 中传播。源节点产生的数据将通过中间节点传递到目的节点，如果链路中断或者下一跳节点不可用，数据会保存在当前节点缓存中。

2. 协议

仿真实验中用到的协议主要由传输协议、BP 协议和路由协议 3 部分构成，具体包括传输协议 TCP、UDP 和 LTP，以及 BP 协议和基于 Dijkstra 算法的路由协议。

3. 用户配置

仿真平台通过全局配置、网络配置和数据统计配置来初始化仿真参数。

参考文献

[1] 丁溯泉，张波，刘世勇. STK 在航天任务仿真分析中的应用[M]. 北京：国防工业出版社，2011.

[2] 陈敏，徐其志. OPNET 网络仿真[M]. 北京：清华大学出版社，2004.

[3] 王晓曦，王秀利，周津慧，等. NS2 网络仿真器功能扩展方法及实现[J]. 小型微型计算机系统，2004，25(6)：1009-1014.

[4] ISSARIYAKUL T, HOSSAIN E. Introduction to network simulator 2[M]. New York: Springer, 2009.

[5] HENDERSON T R, FLOYD S, RILEY G F. NS-3 project goals[C]// Proceedings of the 2006 Workshop on ns-3, 2006.

[6] 茹新宇，刘渊，陈伟. 新网络仿真器 NS3 的研究综述[J]. 微型机与应用，2017，36(20)：14-16.

[7] KERÄNEN A, OTT J, KÄRKKÄINEN T. The ONE simulator for DTN protocol evaluation[C]// 2nd International Conference on Simulation Tools and Techniques, 2009.

第 6 章

展望

　　未来的空间任务逐渐向自主化、智能化和网络化发展，空间网络的设备数量将成倍增长，不同子网内部和子网间的实时数据交互对空间网络的通信能力提出了更高的要求。空间 DTN 凭借其良好的异构互联能力和环境适应能力成为构建一体化空间信息网络的可行方案。DTN 协议的"保管-传输"机制克服了空间链路的频繁中断，提供了信息可靠传输能力。然而，面对空间通信从单链路到网络的拓展，空间活动从独立任务到联合任务的转变，DTN协议与网络的结合面临很多新的挑战和困难。

　　随着各国在空间探索上的大力投入，空间站、航天器、卫星、探测器等设备的数量和质量都会得到明显提升，空间网络的管理、运行和维护等方面不再单纯依靠人工干预和预定计划执行，需要系统能够根据任务、环境的变化灵活调整和自主运行，同时要求系统能够学习相关知识，根据学习结果和实时状态做出决策，而非挑选和执行既定的有限策略。这需要空间 DTN 充分结合深度学习技术，进一步优化在轨存储和计算能力，为更加自主智能的网络管理、运行和维护能力提供支撑。